"十三五"普通高等教育本科部委级规划教材

CorelDRAW & Photoshop
数码服装设计

曹喆 著

中国纺织出版社有限公司

内 容 提 要

本教材覆盖服装画、服装款式图、服装结构图三个方面的绘图方法，由多个服装设计案例组成，每个案例都详细讲解了绘制步骤。本书内容难易结合，适合不同程度的读者学习参考。大部分章节后边附有示范作品和相关设计的素材，读者可以使用相应绘图软件分析并绘制。

本书适合作为高校相关专业教材，也可供服装设计爱好者自学之用。

图书在版编目（CIP）数据

CorelDRAW & Photoshop 数码服装设计 / 曹喆著 . -- 北京：中国纺织出版社有限公司，2021.9（2022.8 重印）
"十三五"普通高等教育本科部委级规划教材
ISBN 978-7-5180-8785-3

Ⅰ.① C… Ⅱ.①曹… Ⅲ.①服装设计－计算机辅助设计－图形软件－高等学校－教材 Ⅳ.① TS941.26

中国版本图书馆 CIP 数据核字（2021）第 160784 号

责任编辑：孙成成　　特约编辑：施　琦
责任校对：寇晨晨　　责任印制：王艳丽

中国纺织出版社有限公司出版发行
地址：北京市朝阳区百子湾东里 A407 号楼　邮政编码：100124
销售电话：010—67004422　传真：010—87155801
http://www.c-textilep.com
中国纺织出版社天猫旗舰店
官方微博 http://weibo.com/2119887771
北京通天印刷有限责任公司印刷　各地新华书店经销
2021 年 9 月第 1 版　2022 年 8 月第 2 次印刷
开本：787×1092　1/16　印张：14
字数：200 千字　定价：69.80 元

前 言

PREFACE

计算机的使用改变了服装设计的方式，尤其使设计效率得到极大提高。以往耗时耗力的效果图绘制、配色、面料纹样设计、款式图修改等，因为计算机的使用而变得非常高效，大幅缩短了设计周期。

服装设计工作是个复杂过程，需要面对千变万化的实际情况。仅仅知道画图或者使用软件是远远不够的。本教程内容上侧重软件教学，实际是服装画技法、服装设计学和软件教学的综合。所以，在学习本课程之前，应具备一定的绘画基础，并对服装设计有一定了解。

本教材由服装设计案例组成，主要涉及服装画、服装款式、服装结构三个方面的绘图方法。所有案例主要解决以下几个问题：①介绍计算机服装设计的流程；②如何通过计算机绘图提高工作效率；③不同的绘制方法对应的不同绘画效果。

设计的目标是为了设计出符合客户需要的产品。绘图的方法有很多种，考虑到教学需要尽量覆盖软件的各项主要功能，所以每个案例所使用的绘图方法不尽相同。学习时应该依据自己的需要灵活掌握，而不是死记硬背每个步骤。能够高效率地达到最终目标的方法都可以认为是合理的。

课时按照目前高校的常规排课方式安排为 64 学时（8 周），使用者可以依据需要缩短为 48 学时（6 周）。本书在叙述案例的过程中，将知识点融合在各个步骤中，大部分章节后边附有示范作品供参考。

大多数课程的学习规律基本一样，就是通过反复练习，融会贯通。计算机设计的实践性很强，要求学生要熟练掌握软件功能，并在实践中得到提高。提高能力的方法就在于使用，学生在学习本课程的同时进行实践活动能够大幅提高学习效率。

服装设计效果图有很多风格，没有统一标准，不同的应用场合对风格要求也不一样。一般来说，企业用于生产目的的服装设计效果图，应该尽量与最终产品的外观一致，也就是尽量写实。用于插图及其他装饰性目的的服装效果图，有多种多样的样式和风格，多体现个性化特征。本教程在阐述软件应用的同时，也涉及图形绘制的问题，范例中尽量使用不同风格的服装设计图。

因作者水平所限，本教材中难免出现错误及疏漏，请同行及读者发现后，不吝赐教和指正。

本书用语和图解说明

- 左键，表示按下鼠标左键。
- 右键，表示按下鼠标右键。
- 点击，表示单击鼠标左键。
- 双击，表示快速双击鼠标左键。
- 左键 + 右键，表示同时按下鼠标左键和右键。
- 右键菜单，表示按下鼠标右键时出现的菜单框。
- 拖动对象，表示在对象上按住鼠标左键，并移动鼠标。
- 视图 / 贴齐 / 对象，表示从视图菜单中选择贴齐，然后再选择对象。
- Ctrl+C，表示在键盘上同时按下［Ctrl］键和［C］键。
- Photoshop，在某些段落会简写为 PS。
- 框选，表示在 CorelDRAW 中使用的选择工具，按住鼠标左键画方框选择对象。
- 填充颜色，表示在 CorelDRAW 中选择对象，从色盘中点击颜色填充到对象。
- 本书为清楚表示正在绘制的对象，会将所绘对象设置为红色，实际绘制过程中，对象并非红色。

目 录

CONTENTS

第一章

计算机绘图入门

矢量图和位图的概念；数字图像的常用格式；分辨率；色彩模式；软件的界面与基本设置；软件的基本操作方法。

计算机图形的基本概念

计算机图形有一些基本概念必须要知道，如分辨率、尺寸、文件格式、色彩模式等。这些概念涉及计算机图像应用的各个方面，不同应用对图像参数的要求不一样。

一、位图和矢量图

位图和矢量图是计算机绘图常见的两类图形。

位图（Bitmap），也称为点阵图像，是由若干个点（像素）组成的，将不同颜色的点排列形成图形。将位图不断放大，可以看到组成图形的方块，每个方块就是一个点（像素）。一般来说，点（像素）越多，图像就越细腻，该图像文件也就越大。位图在放大（以填充像素的方式，将较小的图扩大为较大的图）时，会模糊失真。

矢量图（Vector），也称为向量图，是用点、直线、曲线等基于数学方法绘制的几何图像，矢量图具有方向属性。矢量图一般由线条或边框线条以及边框围成封闭形组成，可以设置线条及封闭形的填充（色彩、图案等）属性。矢量图不存在放大、缩小可能造成的失真问题。也就是说，矢量图可以按照需要输出成任意尺寸的位图而不失真。

二、分辨率

分辨率是指位图的清晰程度，一般用单位长度内的像素数量表示。最常见的分辨率用 dpi（dots per inch）或ppi（pixels per inch）表示。dpi表示每英寸长度上点的数量，ppi表示每英寸长度上像素的数量。大多数情况下，这两个单位意思相同。如200dpi，表示每英寸（2.54cm）长度上有200个点（像素）。

不同应用对分辨率的要求不同。如彩色杂志上的图像分辨率要求不低于300dpi。具体来说，精美杂志上大小为10cm×10cm的图，在Photoshop中处理该图片时，图片尺寸应设置为10cm（宽）×10cm（高），分辨率设置为300dpi（需要更高质量可设置为350dpi）。再如，一般网页上的图片分辨率用96dpi，报纸上的图片分辨率用150dpi，普通彩色打印图片分辨率用200dpi。

需要注意的是，当输入的图比较小，在Photoshop中将尺寸放大后，虽然增加了分辨率，但实际清晰度不会增加，看起来反而会变得模糊。所以一般原则是，在图片处理过程中，大图可以缩小尺寸，但小图不可以放大尺寸，以免影响图像的输出质量。

三、文件格式

（一）位图

位图常用格式文件有JPG、TIF、PNG、GIF、PSD等。

1. JPG格式

JPEG（Joint Photographic Experts Group），简称JPG格式，是当下应用最广泛的图像格式之一，由国际标准化组织（ISO：International Organization for Standardization）和国际电报电话咨询委员会（CCITT：The International Telegraph and Telephone Consultative Committee）为静态图像建立的数字图像压缩标准。JPG提供图像有损压缩，压缩比可以非常高，高比率压缩会明显降低图像质量。JPG格式主要是通过减少图像色彩并用特有插值计算方式压缩图像，压缩色彩丰富的摄影作品时依旧有较好表现。但是，JPG压缩颜色数量很少、大块颜色相近的区域以及亮度差异十分明显的图片时质量较差。

2. TIF格式

TIFF（Tag Image File Format），简称TIF格式，由Aldus公司与微软公司一起为PostScript打印开发，用于存储高质量的图像。TIFF格式文件主要用于保存不压缩的高质量图像，所以广泛应用于印刷、图形设计、医学等行业，扫描、传真、文字处理、光学字符识别等都支持这种格式。TIFF格式，支持通道，在需要蒙板图形的软件里应用很多，如3D软件使用的贴图、视频制作等都需要TIFF格式的图像。

3. PNG格式

PNG（Portable Network Graphics）是一种无损压缩的位图图像格式。PNG文件压缩比高，生成文件体积小，多应用于JAVA程序或网页中。PNG格式具有的其他特征使其成为最流行的图形格式之一。如该格式可以定义256个透明层次；支持Alpha通道的透明和半透明特性；支持存储附加文本信息；渐近显示和流式读写；允许在一个文件内存储多幅图像等。

4. GIF格式

GIF（Graphics Interchange Format）是CompuServe公司在1987年开发的图像文件格式，原义是"图像互换格式"。GIF只能显示256色，并支持透明，所以非常适用于标志类图形。GIF文件压缩率一般在50%左右。GIF分为静态图和动态图，GIF动态图是将多幅图像保存为一个图像文件，显示时将这些图像连续播放。因GIF文件体积较小，是网络上流行的文件格式。

5. PSD格式

PSD格式是Adobe公司的图形设计软件Photoshop的专用文件格式，支持全部图像色彩模式。PSD格式可以保留图层、通道、路径等信息，适用于阶段性文件，方便修改。PSD格式不压缩，保留大量原始信息，所以文件体积大。很多专业图形软件，如CorelDRAW、Adobe Illustrator、Painter等都支持PSD格式文件直接导入。

（二）矢量图

矢量图常用格式文件有DXF、CDR、AI、EPS等。

1. DXF格式

DXF（Drawing Exchange Format）是Autodesk公司开发的用于AutoCAD与其他软件之间进行CAD数据交换的CAD数据文件格式。因为AutoCAD应用广泛，DXF文件格式已经是事实上的标准。各类CAD软件几乎都可以输出DXF文件，而DXF文件几乎都可以用CorelDRAW、Adobe Illustrator等矢量图软件打开。

2. CDR格式

CDR是加拿大Corel公司出品的平面设计软件CorelDRAW Graphics Suite专用文件格式，保留所有矢量图属性，可以在CorelDRAW打开编辑。

3. AI格式

AI是Adobe公司出品的平面设计软件Adobe Illustrator专用文件格式，保留所有矢量图属性，可以在Illustrator打开编辑。因为Adobe公司出品的系列图形设计软件的广泛使用，AI格式文件具有较好的兼容性，可以被很多专业软件直接读取，如CorelDRAW、InDesign、After Effects、Flash等软件可以直接导入AI格式的文件。

4. EPS格式

EPS（Encapsulated PostScript）是桌面印刷系统普遍使用的通用交换格式当中的一种综合格式，由一个PostScript语言的文本文件和一个（可选）低分辨率的由PICT或TIFF格式描述的图像组成，也就是说EPS可以保存矢量图也可以保存位图。EPS文件可以在

PhotoShop、CorelDRAW、Adobe Illustrator等大多数专业绘图软件中打开。EPS文件在PhotoShop中将转为位图格式；EPS文件在CorelDRAW中打开后，原文字格式和矢量图形都只能以曲线方式编辑。

四、色彩

计算机图形使用的色彩模式有很多种，如索引颜色、灰度、LAB等。在设计过程中，色彩最常用的是RGB和CMYK两种模式。RGB是光学显示方式，用红、绿、蓝三原色的光学强度来表示一种颜色。CMYK是色料显示方式，是一种由青色（Cyan）、品红（Magenta）、黄色（Yellow）和定位套版色（Key Plate）（黑色）混合叠加的呈色方式。RGB颜色模式用于显示器等光学显示，CMYK颜色模式用于印刷媒介。RGB光学显示色彩数量要远大于CMYK显示的色彩数量，通常相同图形文件，RGB模式文件体积要小于CMYK模式，所以在图形处理过程中多使用RGB格式，在输出印刷前转换为CMYK模式。

一个色彩由色相（Hue）、纯度（Saturation）和明度（Value）三个元素决定，称为HSV色彩模型。也有将明度标为I（Intensity）或者B（Bright），写作HIS或者HSB。几乎所有绘图软件都提供了这种调色方式，理论上通过调整这三个元素，可以得到所有色彩。

另一个常见问题就是屏幕色彩和输出色彩不一致的情况。如显示器显示色彩和打印色彩不一致，此外不同显示器的明度不一样就会使同一个颜色在不同显示器上出现不同观感。如果在工作中要调整显示器颜色和输出颜色一致，就需要一本印刷用标准色卡，并将屏幕上的色彩CMYK值与色卡上对应色彩比较，然后调整显示器亮度、对比度、色温等，使其显示颜色与对应色卡一致，基本就可以保证输出时的色彩与显示色彩一致。

第二节
硬件与软件

Photoshop和CorelDRAW的运行平台主要是基于个人计算机的微软Windows视窗系统和苹果公司的OS系统。本教程使用个人台式计算机的Windows系统。

一、硬件

计算机的运行速度主要由CPU、显示卡、内存和硬盘决定，瓶颈效应说明系统速度由系统中最慢的那一环决定，所以计算机硬件速度要尽量匹配。

当下的主流硬件都可以很好地支持Photoshop和CorelDRAW运行。一些笔记本电脑的内存配置通常是4G，Window7或Windows10系统启动以后，内存已经使用了近一半，如果再有多个软件同时运行，内存就会不够，这时笔记本电脑在运行图形处理时就会显得很卡。所以，建议处理平面图形的计算机内存应高于8G。

由于当前主流计算机的CPU、显示卡、内存的运行速度有了很大提高，硬盘往往是拖累系统的瓶颈。相对于传统机械硬盘，固态硬盘在读写速度上有着明显优势。如果对图形处理速度有较高要求，应该选择固态硬盘。

手绘板（数位板）是电脑绘画必要外部设备之一。目前常见的手绘板有传统手绘板和液晶手绘板两种。液晶手绘板可以直接在屏幕上绘制，得到类似在纸上直接绘制的体验。手绘板可以大幅提高绘制准确度和绘制效率。目前市场上的手绘板品牌较多，应选择口碑较好的手绘板品牌。品质较好的手绘板，应对压力的感知比较敏锐并且基本无延迟，也就是能精确快速地感受用笔的轻重，可以精确感知用笔的角度等。

二、绘图软件

本教程使用的软件为Adobe公司出品的Photoshop CC和Corel公司出品的CorelDRAW 2019SE（为方便旧版用户，文中附有CorelDRAW X8版的相关命令位置）。使用的软件环境是微软公司出品的Windows 10操作系统。

（一）CorelDRAW

1. CorelDRAW的界面

启动CorelDRAW即可进入软件界面，图1-2-1是各种面板展开后的界面。

CorelDRAW 2019界面上各位置编号对应如图1-2-1所示，名称与基本功能如下：

①菜单栏。软件的主要功能与设置都可以在菜单中找到。

②标准栏。文件打开、导出、导入、打印等常用功能。

③属性栏。按当前操作对象智能变化，提供快速操作的按钮和设置。

④工具箱。常用工具都在这里，工具栏上的按钮右下方如果有小三角形，说明这个按钮内有多个工具，鼠标左键按住这个按钮持续一会儿，会显示出隐藏的工具。

⑤轮式设备工具面板。鼠标右键点击属性栏右侧空白处，在跳出的菜单中选择［轮式设备工具］面板即可打开该面板。布局面板中主要是常用的绘图工具，如［贝塞尔工具］［橡皮］等。

⑥曲线工具栏。将工具栏中［手绘工具］里隐藏的工具打开即为此面板。鼠标右键点击属性栏右侧空白处，将弹出的菜单中选择的"锁定工具栏"选项去掉，才可以将此面板移出。

⑦形状工具栏。将工具栏中［多边形工具］里隐藏的工具打开即为此面板。同样需要将

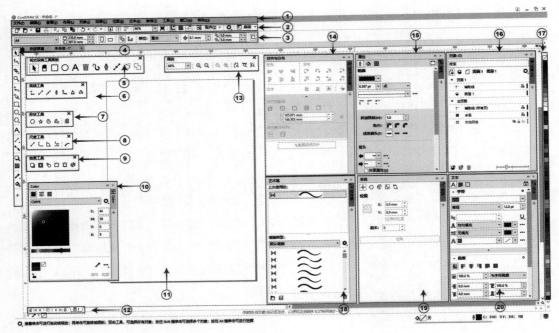

图 1-2-1

"锁定工具栏"选项解除，才可以将此面板移出。

⑧尺度工具栏。将工具栏中［平行度量工具］里隐藏的工具打开即为此面板。同上，去掉"锁定工具栏"选项，才可以将此面板移出。

⑨效果工具栏。将工具栏中［阴影工具］里隐藏的工具打开即为此面板。同上，去掉"锁定工具栏"选项，才可以将此面板移出。

⑩调色板。在窗口菜单下的［调色板］中选择对应的色板，即可打开所需色板。

⑪页面。在页面范围内绘制的对象可以在打印机上输出。

⑫页面快速操作面板。可以快速增加和删除页面，并访问相应页面。

⑬缩放面板。鼠标右键点击属性栏右侧空白处，在跳出的菜单中选择"缩放"即可打开该面板。缩放面板中可以快速设置观察对象方式，如只显示所选物件、显示整个页面、显示全部对象等。

⑭对齐与分布面板。在对象菜单下的［对齐和分布］中可打开该面板，快捷键是［Ctrl+Shift+A］。该面板用于两个以上对象的对齐和等距分布设置。

⑮属性面板。可在对象菜单下打开该面板，或按住［Alt］键和［Enter］键打开该面板。该面板提供调整对象填充纹理、色彩、边框等设置。

⑯对象面板。在对象菜单下可以打开该面板。对象面板实际是图层管理器，可以快速选择和移动物件的上下关系，并以图层方式管理对象，在图层中可以设置是否锁定、是否可视、是否可输出等。

⑰默认CMYK色板。在窗口菜单下的［调色板］中可打开该色板。

⑱艺术笔面板。效果菜单下的［艺术笔］可打开该面板，从中可以快速设置画笔笔触效果。

⑲变换面板。在窗口菜单下的［泊坞窗］中可打开该面板，变换面板可以精确设置和复制对象大小、旋转、位置、镜像、倾斜等（CorelDRAW X8在对象菜单下打开）。

⑳文本面板。在窗口菜单下的［泊坞窗］中可打开该面板。文本属性面板可对文本字间距、行间距、字体、字号等文本属性进行设置（CorelDRAW X8鼠标右键点击属性栏右侧空白处，在右键菜单中选择"文本"即可打开该面板）。

另外，页面范围外的空白部分称为操作台。所绘制的对象可以放在这里作为多个页面共用对象，可以快速拖动和复制到不同页面。页面外的对象可作为位图输出。

2. CorelDRAW中矢量图的基本操作

（1）绘制线和调整点。使用［手绘工具］或［贝塞尔工具］绘制线条，使用［形状工具］调整点和线的造型。

（2）显示所有对象。双击［放大镜工具］，可以显示当前绘制的所有对象。

（3）调整对象大小。使用［选择工具］，点击对象，在对象周围出现8个控制点，移动这8个控制点可以调整对象大小。

（4）旋转。左键点击对象两次，会出现轴点和旋转控制柄，移动轴点并拖动旋转控制柄可以让对象依据当前轴点旋转。

（5）复制。左键拖动对象的同时按下右键，松开左、右键就复制了一个对象。或者选择对象后，按组合键［Ctrl+C］，再按组合键［Ctrl+V］，即可在原位复制对象。

（6）精确移动。不选择任何对象的状态下，在属性栏上的"微调距离"中输入需要移动的距离。然后选择需要移动的对象，按方向键一次，就移动了所设置的距离。

（7）贴齐对象。按组合键［Alt+Z］可以打开（或者关闭）对齐对象功能，能够在移动（或者绘制）对象时对齐到另一个对象。

（8）对齐与分布。选择2个以上的对象，按组合键［Ctrl+Shift+A］或者在属性栏上点击［对齐与分布］按钮，打开［对齐分布］面板，在面板上点击相应的按钮就可以将对象做对齐和等距分布。

（9）前后关系。选择对象，按组合键［Ctrl（或Shift）+PageUp］，将物件移动到前面一层（或最前面）。按组合键［Ctrl（或Shift）+PageDown］，将物件移动到后面一层（或最后面）。

（10）填充颜色。选择对象，左键点击色盘中的颜色，可以为对象填充颜色，右键点击色盘，则是修改边框或者线的颜色。右键点击无色，可以去除边框。

（11）右键菜单。在操作对象时，可以在需操作的对象上点击右键，在右键菜单中选择对应选项。

（12）布尔运算（Boolean Operation）。选择两个封闭曲线，点击属性栏的相应按钮，可以将这两个对象进行加法、减法、交集或排除的计算。

（13）功能键。在使用CorelDRAW时经常需要配合功能键。功能键如下所示：

①Ctrl键。按住［Ctrl］键，可以绘制出正圆、正方形和正多边形；按住［Ctrl］键，可以锁定15°角，可以快速绘制出15倍数的角度，如30°、60°、90°等；按住［Ctrl］键移动对象，可以控制对象水平（或垂直）移动。

②Shift键。按住［Shift］键，绘制圆、矩形等形状时，由轴心向四边绘出；按住［Shift］键，调整对象大小时，四边（或两边）同时缩放。

③Alt键。按住［Alt］键，左键点击选择对象时，能够选择物件后面的对象。

（二）Photoshop

1. Photoshop的界面

启动Photoshop CC即可进入软件界面，Photoshop CC界面上各面板编号对应如图1-2-2所示，名称与基本功能如下：

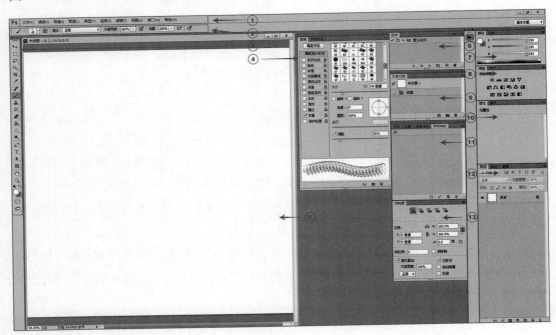

图1-2-2

①菜单栏。软件的主要功能与设置都可以在菜单中找到。

②选项栏。根据当前操作智能变化，选项栏能提供快速操作的按钮和设置。

③工具栏。常用工具都在这里。工具栏上的按钮右下方如果有小三角形，说明这个按钮内有多个工具，鼠标左键按住这个按钮持续一会儿，会显示出隐藏的工具。

④画笔预设面板。在窗口菜单下可以打开该面板，默认快捷键是［F5］。该面板中可以对画笔大小、笔头形状、透明度、散布、色彩变化等进行设置。如形状动态中将大小抖动的控制设置为"钢笔压力"，就可以通过手绘板表现线条粗细；同理，传递中的不透明度抖动控制如果也设置为"钢笔压力"，手绘板绘制时压力的大小会表现出色彩的浓淡和透明效果。

⑤图像处理区。文件新建或打开后的图像区域。

⑥动作面板。可以在窗口菜单中打开或关闭，默认快捷键是［F9］。［动作］面板用来记录和执行一系列的操作，以此大幅提高工作效率。

⑦颜色面板。可以在窗口菜单中打开或关闭，默认快捷键是［F6］。［颜色］面板边上还有［色板］面板，从面板右上角的菜单中可以选择所需的专业色板。

⑧调整面板。［调整］面板边上还有［样式］面板，可以在窗口菜单中打开或关闭。［调整］面板可以新建调整图层，调整该图层下的多个图层的色彩。［样式］面板可以快速设置图形样式，如阴影、浮雕、描边等。

⑨历史记录面板。可以在窗口菜单中打开或关闭。从历史记录中可以回到先前操作的步骤，也可以配合工具栏上的"历史记录画笔"做一些特殊效果。历史记录的步骤数量有限制，该面板上的"快照功能"可以保留不想丢失的步骤。

⑩属性面板。可以在窗口菜单中打开或关闭。［属性］面板可以对形状位置、大小、蒙板等属性进行设置。该面板边上还有［信息］面板，提供当前位置的色彩信息等。

⑪字符样式面板。该面板边上还有字符、段落、段落样式面板，可以在窗口菜单中打开或关闭。这四个面板可以对文字格式进行设置，默认快捷键是［F7］。

⑫图层面板。可以在窗口菜单中打开或关闭。该面板可以对图层进行各种操作，是最重要的面板之一。该面板边上还有［路径］面板，用于绘制路径，路径可以转换为选区、描边和色彩填充等。该面板边上另有［通道］面板，用于对通道进行操作。通道中可以处理复杂选区。

⑬仿制源面板。可以在窗口菜单中打开或关闭。利用该面板，配合［仿制图章工具］，可以跨文件复制图像。

2. Photoshop的基本操作

（1）系统设置。执行［编辑/首选项/常规］命令（或者按组合键［Ctrl+K］）打开Photoshop的设置。在［首选项］面板可以设置界面的样式、内存分配、暂存盘顺序、光标样式、单位和标尺、参考线和网格等项目。

（2）界面设置。在［窗口/工作区］中可以选择当前的界面为基本功能、绘画、摄影等。界面中的所有面板都可以打开或关闭，执行［窗口/工作区/新建工作区］命令可以保存当前的界面，所保存的界面名称会出现在［窗口/工作区］菜单里，点击就可以得到保存的工作区界面。

（3）选区。在Photoshop中处理图片，首先要掌握的就是选择所处理对象的范围。建立选区的常用方法有以下几种：

①使用工具栏上的［选择工具］，如［矩形选框工具］、［椭圆选框工具］、［套索工具］、［多边形套索工具］等，绘制出选区。

②使用工具栏上的［魔棒工具］，选取相似颜色的区域。

③使用工具栏上的［钢笔工具］，用路径方式绘制出路径，然后在［路径］面板上将路径转换为选区。

④按住［Ctrl］键，在图层上点击缩略图标，会在有颜色的部位建立选区。

⑤新建通道，对通道中的非黑色的区域执行［选择/载入选区］命令，即可以加载为选区。按组合键［Ctrl+D］即可消除选区。

（4）填充颜色。使用工具栏上［油漆桶工具］，可以用来对选区或整个图层填充颜色和图案。或者使用［画笔工具］在图层中绘制所需颜色及造型。

（5）调整颜色。［图像/调整］菜单中提供了各种调色方式，用来对单个图层调整颜色。在图层面板上创建新的填充或点击［调整图层］按钮，可以调整多个图层的色彩。

（6）图层。按组合键［Shift+Ctrl+N］可以新建图层。在［图层］面板上左键拖动图层至［垃圾桶］图标即可删除该图层。按组合键［Ctrl+T］，即调整当前图层或选区大小，调整完毕按下［Enter］键即可。按组合键［Ctrl+E］，可向下合并一个图层。更多的图层操作，在图层菜单中。

（7）显示画面。双击［放大镜工具］，可以让画面1∶1显示。按组合键［Ctrl+0］，可以使纸张适合界面大小。绘画过程中按空格键配合鼠标左键可以快速移动画面。

第二章

面料表现技法

知识点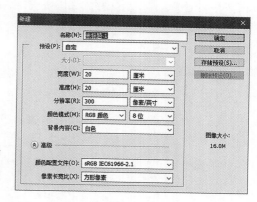

PS滤镜；调整色彩；PS图层；自定义画笔。CorelDRAW绘制矢量图；调整矢量图大小、位置等；矢量图填色；EPS格式图像；CorelDRAW图层；布尔运算。

第一节
面料绘制

一、单色尼料

打开Photoshop软件，在文件菜单中选择[新建]命令（或者按组合键[Ctrl+N]），在[新建]面板中将宽度和高度都设为"20厘米"，分辨率设置为"300dpi（像素/英寸）""RGB颜色"模式。点击[确定]按钮，新建一个空白文件（图2-1-1）。

在滤镜菜单下执行[杂色/添加杂色]命令，在[添加杂色]面板中，将数量设为"400%"，点击"平均分布"，勾选"单色"，并点击[确定]按钮（图2-1-2）。

在滤镜菜单下执行[模糊/高斯模糊]命令，在[高斯模糊]面板中，将半径设为"2"，并点击[确定]按钮（图2-1-3）。

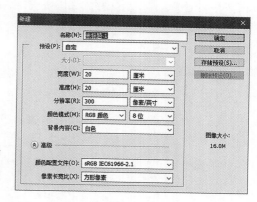

图2-1-1

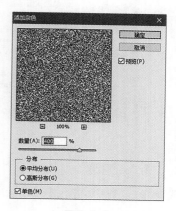

图2-1-2

在图像菜单下执行［调整／色彩平衡］命令，打开［色彩平衡］面板（图2-1-4）。在色阶中填入"20，-5，-5"，并点击［确定］按钮，就得到了一幅暖灰色调的毛尼面料的肌理效果（图2-1-5）。

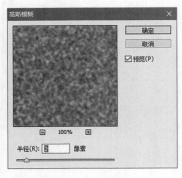 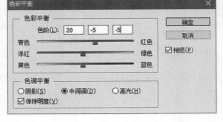 

图2-1-3   图2-1-4   图2-1-5

在文件菜单中执行［存储］命令（或按快捷键［Ctrl+S］），在另存为窗口中为文件取名，在文件类型中选择所要保存的文件格式，点击［确定］按钮即可保存该文件。

二、摇粒绒

打开Photoshop软件，新建一个宽度和高度都是"20厘米"、分辨率为"300dpi""RGB颜色"模式的空白文档。

在滤镜菜单下执行［杂色／添加杂色］命令，在［添加杂色］面板中，将数量设为"400%"，点击"平均分布"，勾选"单色"选项，并点击［确定］按钮（图2-1-6）。

在滤镜菜单下执行［像素化／晶格化］命令，在［晶格化］面板中，将单元格大小设为"10"，并点击［确定］按钮（图2-1-7）。

在滤镜菜单下执行［模糊／高斯模糊］命令，在［高斯模糊］面板中，将半径设为"7"，并点击［确定］按钮（图2-1-8）。

在［图层］面板上，点击［新建图层］按钮，新建一个图层（图2-1-9）。

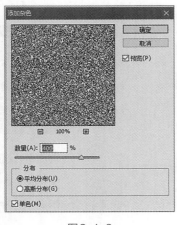 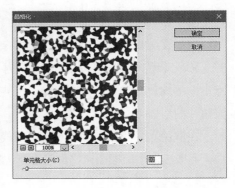

图2-1-6   图2-1-7

使用工具栏上的［油漆桶工具］🛢️（或者按快捷键［G］）。将［颜色］面板上的RGB分别设为"200，180，130"（图2-1-10）。如果未见到［颜色］面板，可在窗口菜单中打开。

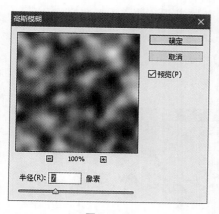

图2-1-8

图2-1-9

图2-1-10

使用［油漆桶工具］在文档中填充该颜色，并在［图层］面板上，将该图层的不透明度设为"65%"（图2-1-11）。

在窗口菜单中打开［调整］面板，在［调整］面板中点击［明度/对比度］按钮（图2-1-12）。

在［属性］面板中将亮度设为"20"，对比度设为"10"（图2-1-13）。

得到一幅如图2-1-14所示的摇粒绒面料肌理效果。按组合键［Ctrl+S］保存该文件。

图2-1-11

图2-1-12

三、平纹粗布

打开Photoshop软件，新建一个宽度和高度都是"25厘米"、分辨率为"300dpi""RGB颜色"模式的空白文档。

在滤镜菜单下执行［杂色/

图2-1-13

图2-1-14

添加杂色]命令,在[添加杂色]面板中,将数量设为"300%",点击"平均分布",勾选"单色",并点击[确定]按钮(图2-1-15)。

在滤镜菜单下执行[模糊/动感模糊]命令,在[动感模糊]面板中,将角度设为"0度",距离设为"200像素",并点击[确定]按钮(图2-1-16)。

在[图层]面板上,点击鼠标左键在背景图层上按住不要松开,拖动背景图层至[新建图层]按钮后松开左键,即复制了一个图层(图2-1-17)。

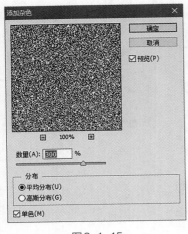

图2-1-15

图2-1-16

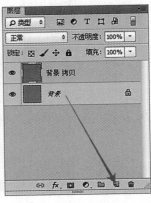

图2-1-17

在[图层]面板上的图层混合模式中选择"正片叠底"(图2-1-18)。

在编辑菜单的变换中点击"旋转90°",顺时针或逆时针都可以,将图层旋转90°,并按组合键[Ctrl+E],将两个图层合并。

打开图像菜单中的[画布大小],将宽度和高度都设为"20厘米",并点击[确定]按钮,在弹出的提示菜单中点击[继续](图2-1-19),切除画面边缘不要的部分。

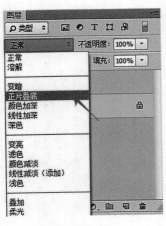

图2-1-18

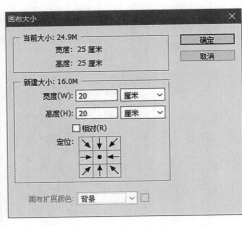

图2-1-19

执行图像菜单下的[调整/曲线]命令,在[曲线]面板中调整明度关系,在曲线上1/4处点击一下,然后把输出和输入分别设为"210""170",并点击[确定]按钮(图2-1-20)。

打开滤镜菜单中的［滤镜库］，在面板上选择艺术效果中的"粗糙蜡笔"，纹理选项选择"画布"，光线选择"左上"，并点击［确定］按钮（图2-1-21）。

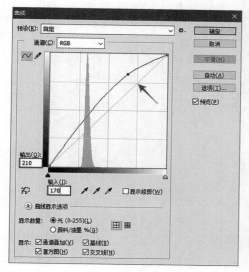

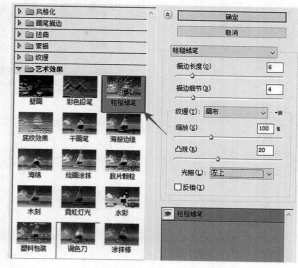

图2-1-20　　　　　　　　　　　　　　　　　　　图2-1-21

按组合键［Ctrl+B］，打开［色彩平衡］面板调整颜色，将色阶分别设为"-15，-10，-60"，得到灰绿色调（图2-1-22）。

如果需要更清晰的纹理效果，可以执行图像菜单下的［调整/亮度/对比度］命令，提高亮度和对比度即可（图2-1-23）。如将亮度设为"10"，对比度设为"40"，就得到如图2-1-24所示的平纹粗布的效果。

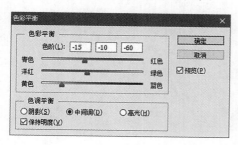

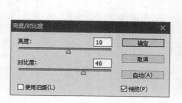

图2-1-22　　　　　　　　　图2-1-23　　　　　　　　图2-1-24

四、斜纹粗布

打开Photoshop软件，新建一个宽度和高度都是"25厘米"、分辨率为"300dpi""RGB颜色"模式的空白文档。

在滤镜菜单下执行［杂色/添加杂色］命令，在［添加杂色］面板中，将数量设为"300%"，点击"平均分布"，勾选"单色"，并点击［确定］按钮（图2-1-25）。

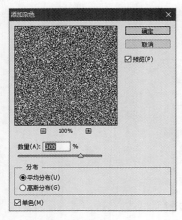

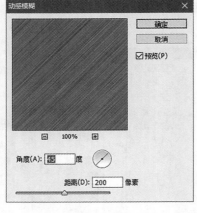

图2-1-25 　　　　　　　　　　图2-1-26

在滤镜菜单下执行 [模糊/动感模糊] 命令，在 [动感模糊] 面板中，将角度设为"45度"，距离设为"200像素"，并点击 [确定] 按钮（图2-1-26）。

点击滤镜菜单中的 [滤镜库]，在面板上选择画笔描边中的"阴影线"，将描边长度设为"25"，锐化程度设为"20"，强度为"1"，并点击 [确定] 按钮（图2-1-27）。

打开图像菜单中的 [画布大小]，将宽度和高度都设为"20厘米"，并点击 [确定] 按钮，在弹出的提示菜单中点击 [继续] 按钮（图2-1-28），将画面边缘因动感模糊而损坏的部分切除。

再次打开滤镜菜单中的 [滤镜库]，在面板上选择艺术效果中的"粗糙蜡笔"，纹理选项选择"粗麻布"，光线选择"右上"，并点击 [确定] 按钮（图2-1-29）。

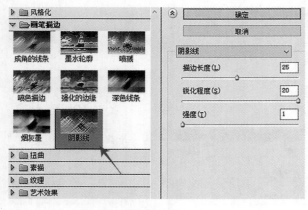

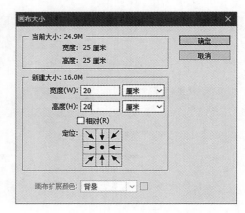

图2-1-27 　　　　　　　　　　　图2-1-28

在图像菜单下执行 [调整/变化] 命令，在 [变化] 面板上"加深黄色"和"加深青色"上各点击一次，"加深蓝色"上点击两次，并点击 [确定] 按钮（图2-1-30），得到一幅灰蓝色的斜纹织物肌理效果。

如果需要让面料更倾向青紫色，在图像菜单下执行 [调整/色相/饱和度]（或按组合键 [Ctrl+U]），将色相、饱和度、明度分别设为"10""30""-15"，点击 [确定] 按钮（图2-1-31），得到如图2-1-32所示的斜纹粗布的肌理效果。

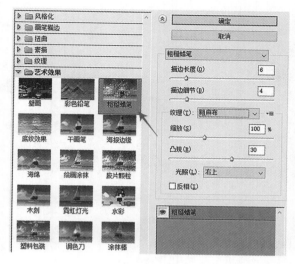

图2-1-29

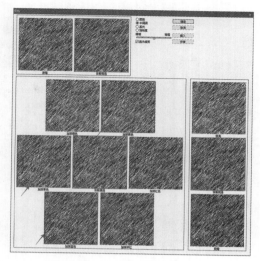

图2-1-30

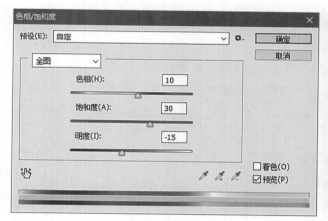

图2-1-31

图2-1-32

五、色织布

　　打开CorelDRAW软件，在文件菜单中执行［新建］命令（或者按组合键［Ctrl+N］），打开［创建新文档］面板，点击［确定］按钮新建一个A4大小的空白文档（图2-1-33）。

　　在属性栏上，将单位设为"厘米"。

　　在工具栏上点击▢图标，选择［矩形工具］，在纸张的任意位置上绘制一个任意大小的矩形。

　　在窗口菜单下执行［泊坞窗/变换］命令（X8版本的［变换］在对象菜单中），在［变换］面板中点击［大小］按钮。将新建矩形的宽设为"1cm"，高设为"20cm"（图2-1-34）。

再绘制一个宽"0.2cm",高"20cm"的矩形。

勾选查看菜单的贴齐中的[对象](或者按组合键[Alt+Z])。

在工具栏上点击[选择工具]▶,点击鼠标左键按住第2个矩形的左上角,拖动至前个矩形的右上角后松开左键。贴齐对象操作完成后,可以让两个矩形的侧边准确重合。

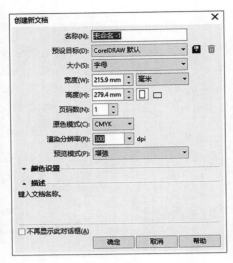

图2-1-33

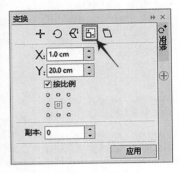

图2-1-34

继续按顺序建立高为"20cm",宽度分别为"0.5cm、0.2cm、1.5cm、0.5cm、0.3cm、0.5cm、0.3cm"的7个矩形,并如图2-1-35所示依次排列对齐。

使用[选择工具]选择第一个矩形,点击对象菜单中的[对象属性](或按组合键[Alt+Enter])打开[对象属性]面板,点击[填充]按钮,将K设置为"80",第一个矩形填为"深灰色"(图2-1-36)。

用上述方法,将第2个和第4个矩形的颜色设为"橙色"(C:0;M:60;Y:100;K:0);第3个矩形的颜色设为"浅粉红色"(C:8;M:22;Y:24;K:0);将第5个和第9个矩形的颜色设为"粉紫色"(C:20;M:20;Y:0;K:0);将第6个和第8个矩形的颜色设为"浅蓝色"(C:28;M:7;Y:0;K:0);第7个矩形的颜色设为"浅黄色"(C:3;M:6;Y:27;K:0)。

选择所有矩形,右键点击色板上的[无色]按钮区,去除黑色边框。

填色效果如图2-1-37所示。

使用[选择工具]框选所有矩形(或按组合键[Ctrl+A]),选择所有矩形。在[变换]面板中点击位置,在X中输入"5cm",副本设为3,点击[应用]按钮(图2-1-38)。

图2-1-35

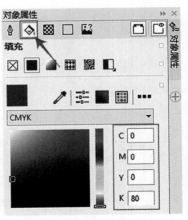

图2-1-36

图2-1-37

使用［选择工具］框选所有矩形（或按快捷键［Ctrl+A］），选中包括刚复制的所有矩形，按属性栏上的［群组］按钮 （或按组合键［Ctrl+G］），将所有对象群组。按下组合键［Ctrl+C］，复制对象，再按下组合键［Ctrl+V］，原位粘贴对象。

在［变换］面板中点击［旋转］按钮，在角度中输入"90"，点击［应用］按钮（图2-1-39），将复制后的矩形旋转90°。

保持所旋转的矩形处于选择状态，点击工具栏上的［透明工具］ ，并在属性栏上选择"均匀透明"，透明度设为"50%"（图2-1-40）。

在文件菜单中点击［导出］命令（或按组合键［Ctrl+E］）。在［导出］面板上，为文件命名，在保存类型中选择"JPG格式"，点击［导出］按钮。在［导出到JPEG］面板里设置颜色模式和分辨率等，点击［确定］按钮导出位图（图2-1-41）。

最后需调整色彩。打开Photoshop软件，并打开刚刚保存的JPG格式图像。在图像菜单下执行［调整/亮度/对比度］命令，亮度设为"-30"，对比度设为"50"，点击［确定］按钮（图2-1-42）。

点击组合键［Ctrl+U］，打开［色相/饱和度］面板，色相设为"5"，饱和度设为"10"，点击［确定］按钮（图2-1-43），得到如图2-1-44所示的色织布效果。

最后按下组合键［Ctrl+

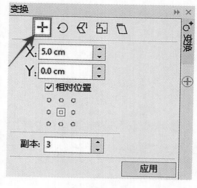

图2-1-38

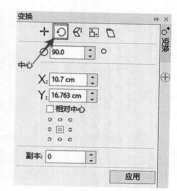

图2-1-39

图2-1-40

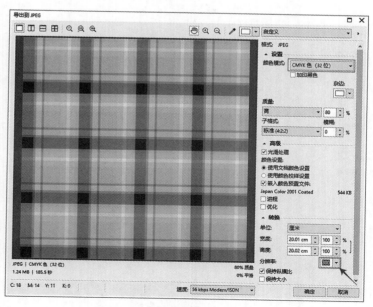

图2-1-41

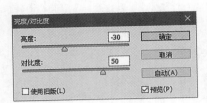
图2-1-42

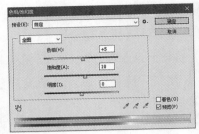
图2-1-43

图2-1-44

S]，并点击［确定］按钮保存文件。

六、珠片面料

打开CorelDRAW软件，在文件菜单中新建文件（或者按组合键［Ctrl+N］），打开［创建新文档］面板，点击［确定］按钮新建一个A4大小的空白文档。

使用［椭圆工具］绘制一个正圆，在［变换］面板的大小中将圆的直径设为"1cm"（图2-1-45）。

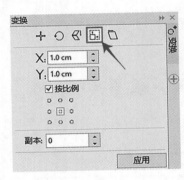
图2-1-45

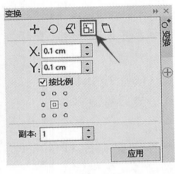
图2-1-46

在［变换］面板的大小中，设置X和Y都为"0.1cm"，副本为"1"，点击［应用］按钮，复制一个同心圆（图2-1-46）。

选择这两个圆，按属性栏上的［合并］按钮 ，把合并后的圆填充为"黑色"，去除边框（图2-1-47）。

在［变换］面板的位置中，设置X为"0.8cm"，Y为"0cm"，副本为"25"，点击［应用］按钮（图2-1-48），如图2-1-49所示复制出一行25个圆。

图2-1-47

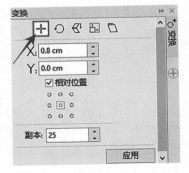
图2-1-48

图2-1-49

点击组合键［Ctrl+A］选择所有的对象，点击属性栏上的［加法合并］按钮 （有的版本写作焊接）合并所有对象。

在［变换］面板的位置中，设置X为"0cm"，Y为"0.05cm"，副本为"1"，点击［应用］按钮（图2-1-50），将新复制的对象填充为"白色"，如图2-1-51所示。

选择所有对象，点击属性栏上的［群组］按钮 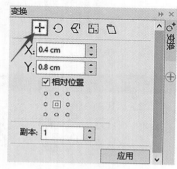（或者按下组合键［Ctrl+G］），群组所有对象。

在［变换］面板的位置中，设置X为"0.4cm"，Y为"0.8cm"，副本为"1"，点击［应用］按钮（图2-1-52）群组所有对象（图2-1-53）。

在［变换］面板的位置中，设置X为"0cm"，Y为"1.6cm"，副本为"12"，点击［应用］按钮（图2-1-54），得到如图2-1-55所示的模拟闪光珠片排列的造型。

图2-1-50

图2-1-52

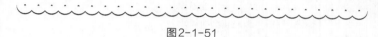

图2-1-51

执行文件菜单的［导出］命令（或按组合键［Ctrl+E］），打开［导出］面板，取文件名为"珠片"，在保存类型中选择"EPS格式"，点击［导出］按钮（图2-1-56）。

在弹出的［EPS导出］面板上，无需改变参数，点击［确定］按钮即可（图2-1-57）。

图2-1-53

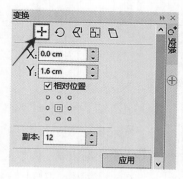

图2-1-54

图2-1-55

启动Photoshop软件，打开刚保存的EPS格式的文件，将分辨率设为"300dpi"（图2-1-58）。

点击图像菜单中的［画布大小］，打开［画布大小］面板，将宽度和高度均设为"20厘米"，点击［确定］按钮（图2-1-59），将画面边缘裁切掉一部分。

在［图层］面板上，新建一个图层（图2-1-60）。

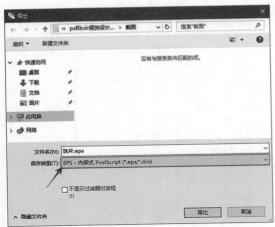

图2-1-56

图2-1-57

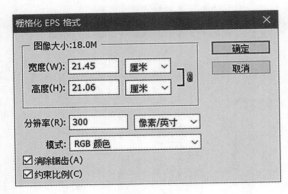

图2-1-58

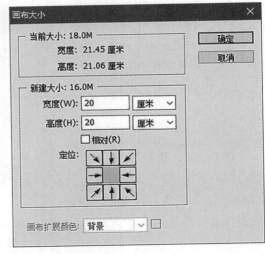

图2-1-59

图2-1-60

图2-1-61

点击工具栏上的［渐变工具］■（与［油漆桶］在同一个按钮下），在选项栏上点击"渐变"选项（图2-1-61），打开［渐变编辑器］面板。

在渐变编辑器中创建需要用到的渐变效果，在渐变条上双击可以增加控制点，控制点的颜色在下方色标的颜色中设置。选择控制点，点击右下的［删除］按钮可以删除当前控制点。点击［新建］按钮，可以将所设置的渐变加入预设中。

如图2-1-62所示，新建一个粉蓝到深蓝渐变，并加入预设。

再设置一个白色到粉蓝的渐变，并加入预设，点击［确定］按钮（图2-1-63）。

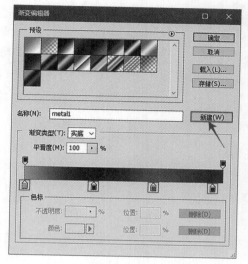 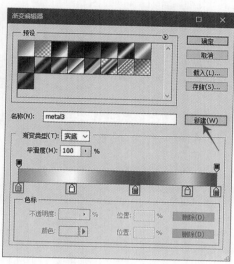

图2-1-62　　　　　　　　　　　　　　　　　　图2-1-63

使用［渐变工具］，点选预设中所做的第一个渐变，在画面上由左上角到右下角拖动出一个线性渐变。在［图层］面板上，把图层的混合模式设为"正片叠底"（图2-1-64）。

得到如图2-1-65所示的效果。

在［图层］面板上新建图层3，以同样方式把所做的第二个渐变填入画面，并在［图层］面板上把不透明度设为"20%"（图2-1-66）。

图2-1-64　　　　　　　　　图2-1-65　　　　　　　　图2-1-66

拖动图层1到［新建］按钮上松开，即复制了图层1，并将该图层的混合模式设为"正片叠底"（图2-1-67）。

在滤镜菜单下执行［模糊／高斯模糊］命令，打开［高斯模糊］面板，将半径值设为"5"（图2-1-68）。

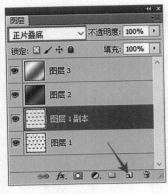

图2-1-67

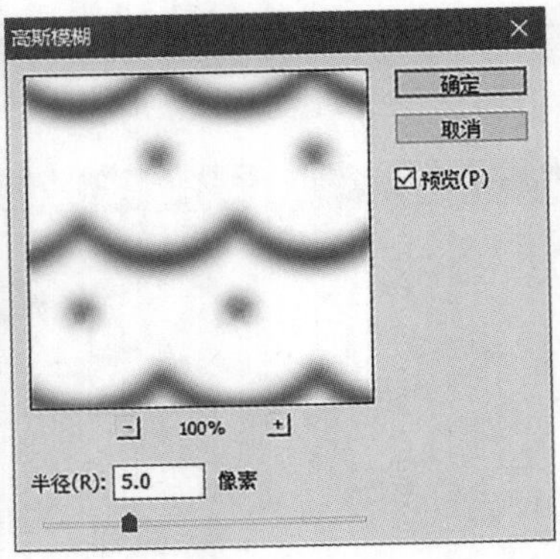

图2-1-68

接着需要用画笔绘制不规则的亮部和闪光。点击工具栏的［画笔工具］ ✍。在选项栏上的画笔预设中，设置画笔大小为"400"，硬度为"0"，不透明度为"30%"，并点击［喷枪效果］按钮（图2-1-69）。

图2-1-69

新建图层，使用［画笔工具］在画面上用白色涂抹亮色部分（图2-1-70），涂抹的位置可参考图2-1-72。

在滤镜菜单下执行［模糊/高斯模糊］命令，打开［高斯模糊］面板，将半径值设为"85"（图2-1-71）。

绘制的效果大致如图2-1-72所示，将这个文件保存为"PSD格式"。

图2-1-70

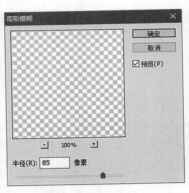

图2-1-71

图2-1-72

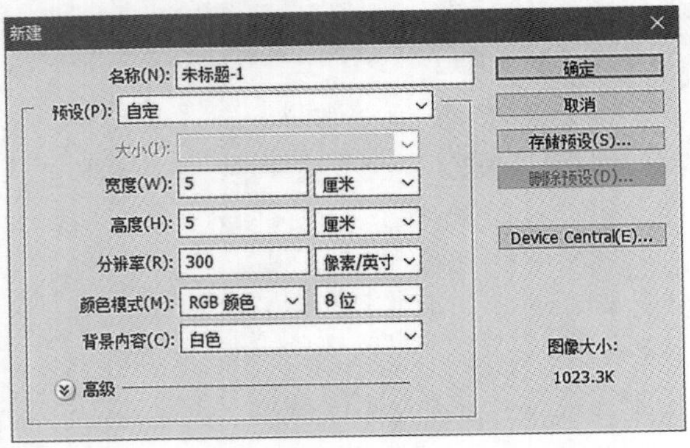

新建一个高和宽都为"5厘米"，分辨率为"300像素/英寸"的空白文件（图2-1-73）。

在工具栏上点击［钢笔工具］ ✍，在画面上绘制如图2-1-74所示的路径，并使用［直接选择工具］ ▶ 调整图形，做出一个星光造型。

将工具栏上的前景色设置为"黑色"。在［路径］面板上点击"填充路径"按

图2-1-73

钮，并在［路径］面板的空白处点击一下，使工作路径处于非选择状态（图2-1-75）。

可以看到画面上已经填入黑色。在编辑菜单中点击［定义画笔预设］，在跳出的［画笔名称］面板上点击［确定］按钮（图2-1-76）。

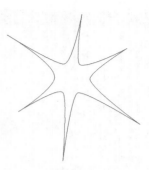

图2-1-74

关闭此文档，回到先前绘制的珠片文档。点击［画笔工具］，在选项栏上的［画笔预设］选项中选择新建的"星光造型画笔"，并把大小调整为"200"（图2-1-77）。

在窗口菜单上点击［画笔］面板（或者按快捷键［F5］）。勾选"形状动态"，并把大小抖动设为"80%"，角度抖动设为"80%"（图2-1-78）。

将"散布"勾选，并将散布值设为"400%"（图2-1-79）。

将"颜色动态"勾选，前景/背景抖

图2-1-75

图2-1-76

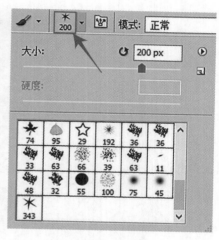

图2-1-77

动的值设为"30%"（图2-1-80）。并在工具栏上将前景色设为"白色"，背景色设为"湖蓝色"（参考值为C：57；M：0；Y：15；K：0）。

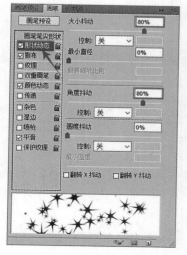

图2-1-78

图2-1-79

图2-1-80

图2-1-81

勾选［画笔］面板上的不透明度"传递"，将不透明度抖动设为"30%"（图2-1-81）。

在［图层］面板上新建图层5，用新建的画笔在画面绘制如图2-1-82所示的星光效果。

在［图层］面板上新建图层6，用新建的画笔在画面继续绘制星光效果。在滤镜菜单下执行［模糊／高斯模糊］命令，打开［高斯模糊］面板，将半径值设为"5"（图2-1-83）。

得到如图2-1-84所示模拟闪光珠片的效果，最后保存图像。

图2-1-82

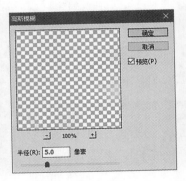

图2-1-83

图2-1-84

七、毛皮

这个案例需要用手绘板绘制。

打开Photoshop软件，新建一个高度和宽度都为"5厘米"，分辨率为"300dpi"，颜色模式为"RGB"的文档（图2-1-85）。

点击工具栏上的［画笔工具］（或者按快捷键［B］），在选项栏上的画笔预设里选择"硬圆边画笔"，将大小设为"10像素"（图2-1-86）。

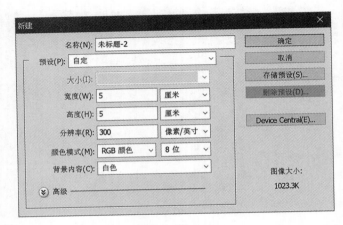

图2-1-85

在窗口菜单中打开［画笔］面板（或者按快捷键［F5］），在［画笔］面板上勾选"形状动态"，大小抖动的控制中选择"钢笔压力"。此设置可以让数字画笔在绘制时，依据压力大小体现出线条的粗细关系（图2-1-87）。

用手绘板在画面上绘制如图2-1-88所示的造型，线的末端要变细。

在编辑菜单下选择［定义画笔预设］，在［画笔名称］中为画笔命名，并点击［确定］按钮（图2-1-89）。关闭文件，不必保存。

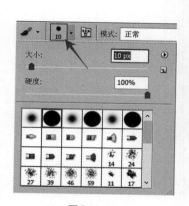

图2-1-86

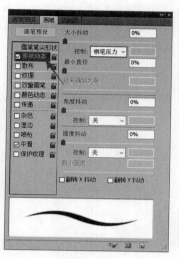

图2-1-87

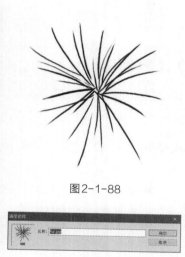

图2-1-88

图2-1-89

新建一个高度和宽度都为"20厘米"，分辨率为"300dpi"，颜色模式为"RGB"的文档（图2-1-90）。

点击工具栏上的［画笔工具］，在选项栏上的［画笔预设］里选择刚刚做好的画笔（图2-1-91）。

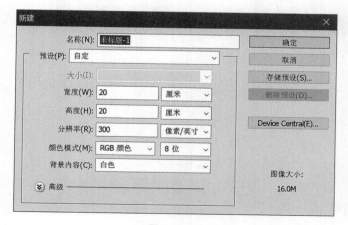

图2-1-90

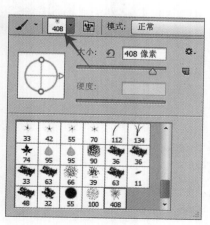

图2-1-91

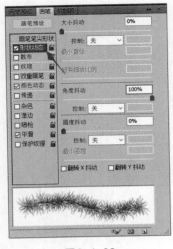

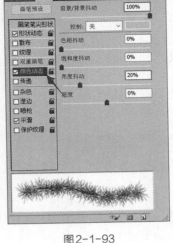

图2-1-92   图2-1-93

打开［画笔］面板，勾选"形状动态"，并将大小抖动控制设为"关"，角度抖动设为"100%"（图2-1-92）。

勾选"颜色动态"，并把前景/背景抖动设为"100%"，亮度抖动设为"20%"（图2-1-93）。这两个数值，在绘制时可以依据需要随时改动。

在工具栏上，点击前景色，将其设为"浅黄色"（参考值为C：15；M：25；Y：30；K：0）；点击背景色，将其设为"深棕色"（参考值为C：60；M：70；Y：85；K：30）（图2-1-94）。

在画面上用画笔涂抹就得到如图2-1-95所示的毛皮肌理效果。

如果需要绘制如图2-1-96所示的深色毛皮，可以调整［前景色］和［画笔］面板上颜色动态的值，然后在画面上涂绘。

图2-1-94   图2-1-95   图2-1-96

八、刺绣

这个案例最好使用专业级的数字手绘板，数字笔具有倾斜感应功能（笔触会因画笔倾斜角度变化而不同）。如果硬件条件不符，所绘效果和本案例会有差异。

启动CorelDRAW软件，使用工具栏上的［贝塞尔工具］ ，绘制如图2-1-97所示的云纹和锦鸡图形，并使用［形状工具］ 修改。

使用工具栏上的［选择工具］ ，框选云纹，按组合键［Ctrl+G］，将云纹群组。鼠标

左键按住云纹选择框左侧的控
制点向右拖动，同时按住键盘
上的［Ctrl］键，并点击一下鼠
标右键，得到镜像时，松开鼠
标左键，然后松开［Ctrl］键
（更多图形绘制与对称方法请参
考本章第二节的绘制四方连续
印花与蕾丝）。

图2-1-97　　　　　　　　　　图2-1-98

　　将云纹填充为"灰色"，将
锦鸡填充为"橙色"，将图像位置关系调整为如图2-1-98所示。然后在文件菜单中导出文
件，［导出］面板上的保存类型选择"JPG格式"，文件名取为"刺绣"，点击［确定］按钮
后，出现［导出到JPG］面板，在面板右侧最下方，设置分辨率为"300dpi"，并点击［确
定］按钮。

　　打开Photoshop软件，新建一个高和宽都是"3厘米"，分辨率为"300dpi"的空白文档
（图2-1-99）。

　　在工具栏上选择［直线工具］（图2-1-100）。

　　在选项栏上选择"路径"（图2-1-101）。

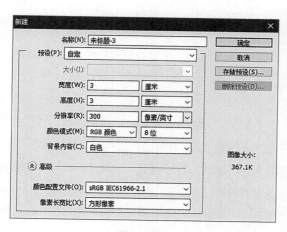

图2-1-99

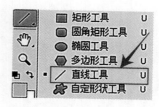

图2-1-100

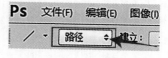

图2-1-101

　　在画面上绘制一条角度约45°，长度约1.5cm的路径，绘制路径的时候在鼠标右上角会
出现当前路径的角度和长度。

　　选择工具栏上的［画笔工具］，并在选项栏上的［画笔预设］中选择"硬圆边笔头"，将
大小设为"3像素"（图2-1-102）。

　　在［路径］面板右上角菜单中点击［描边路径］（图2-1-103）。

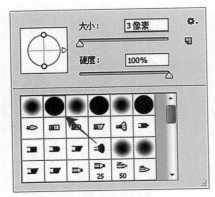

图2-1-102

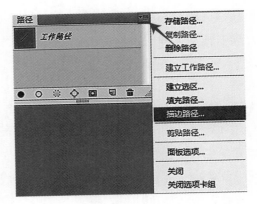

图2-1-103

在［描边路径］面板上的工具选为"画笔"，点击［确定］按钮（图2-1-104），并在［路径］面板上将工作路径删除。

在编辑菜单下点击［定义画笔预设］，在［画笔名称］面板上点击［确定］按钮（图2-1-105）。

图2-1-104

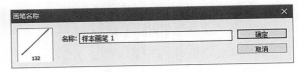

图2-1-105

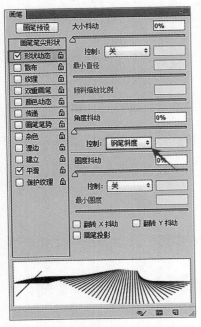

图2-1-106

在Photoshop中打开保存的图片文件"刺绣.jpg"，点击［工具］面板上的"画笔"，在选项栏的［画笔预设］中选择刚做的画笔，按［F5］打开［画笔］面板。

在［画笔］面板上，勾选"形状动态"，并将其中角度抖动的［控制］选择为"钢笔斜度"，即可通过手绘笔倾斜角度来控制线的角度（图2-1-106）。如果没有数字手绘板，或没有侧笔功能，可以将角度抖动开到"100%"，将角度抖动的控制设为"关"，并勾选"散布"，将其中的散布设为"80%"，绘出的将是乱针绣的效果。

新建图层1，点击［图层］面板上的［fx］按钮，打开［图层样式］面板（图2-1-107）。

在［图层样式］面板上，勾选"斜面和浮雕"，结构样式选择"浮雕效果"，方法选择"雕刻清晰"，深度设为"50%"，大小设为"3像素"，阴影角度设为"120度"，高度设为"30度"（图2-1-108）。

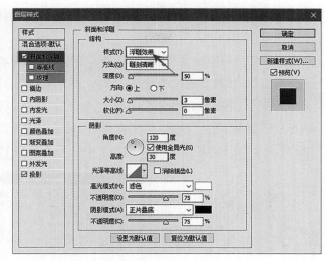

图2-1-107　　　　　　　　　　　　　　　图2-1-108

在［图层样式］面板上，勾选"投影"，并将投影结构角度设为"120度"，距离设为"3像素"，大小设为"3像素"（图2-1-109）。

使用工具栏上的［魔棒工具］🔍，点击画面上任意一个灰色部分。然后在选择菜单中点击［选取相似］，选择所有的灰色部分。

在窗口菜单中打开［色板］，在［色板］右上角的菜单中选择"PANTONE+Solid Coated"，并点击［确定］按钮，打开潘通色板。点击色板上的蓝色系的颜色，绘制云头纹样。

在选项栏上的［画笔预设］中，将画笔大小设为80左右。使用［画笔工具］在画面涂绘，利用数位板画笔的斜度改变画笔的方向，绘制效果如图2-1-110所示。

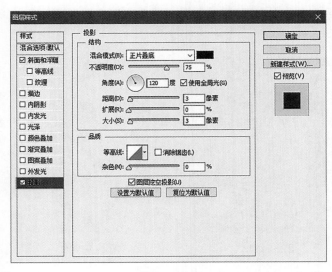

图2-1-109　　　　　　　　　　　　　　　图2-1-110

　　为避免背景层上的色彩干扰，在背景和图层1之间再建一个图层2，并使用［油漆桶工具］填充"白色"。

　　绘制时，使用不同深浅的蓝色调，将所有选区部分填涂（图2-1-111）。

　　选择图层2，执行滤镜菜单下的［杂色/添加杂色］命令，打开［添加杂色］面板，将数量设为"80%"，选择"高斯分布"，勾选"单色"，点击［确定］按钮（图2-1-112）。

　　执行滤镜菜单下的［模糊/动感模糊］命令，打开［动感模糊］面板，将角度设为"90度"，距离设为"30像素"，点击［确定］按钮（图2-1-113）。

图2-1-111

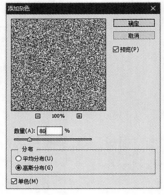
图2-1-112

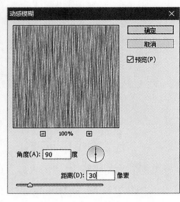
图2-1-113

　　再执行图像菜单下的［调整/亮度/对比度］命令，打开［亮度/对比度］面板，将亮度设为"40"，点击［确定］按钮（图2-1-114）。

　　得到如图2-1-115所示的画面效果。

　　使用［魔棒工具］，到背景上点选"锦鸡图形"，并在选择菜单中点击［选取相似］。使用［画笔工具］，在色板上选择橙色系列颜色，在图层1上涂绘，得到如图2-1-116所示的刺绣效果，最后将图像保存。

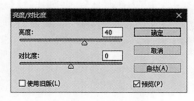
图2-1-114

图2-1-115

图2-1-116

第二节
绘制四方连续印花与蕾丝

一、绘制四方连续印花

启动CorelDRAW软件，新建文件，使用默认设置建立一个A4大小的空白文档。

使用［椭圆形工具］ ⬭，按住［Ctrl］键，绘制一个正圆。

打开［变换］面板，点击［大小］按钮。将正圆的宽和高都设为"3cm"，点击［应用］按钮（图2-2-1）。

确认视图菜单的贴齐中的对象处于勾选状态（可按组合键［Alt+Z］打开或关闭该功能），贴齐对象处于激活状态下，可以自动找到中心点和其他对齐点。

使用［手绘工具］（或按快捷键［F5］），按住［Ctrl］键，在圆的中心点击一下，再在圆的上边点一下，即可绘制一条垂直的半径线（图2-2-2）。

使用［选择工具］，点击［半径线］，使之呈现旋转状态，将其中心轴点移到圆的中心（图2-2-3）。

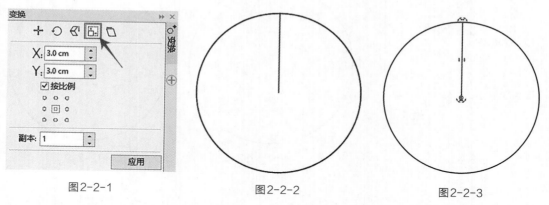

图2-2-1   图2-2-2   图2-2-3

在［变换］面板中点击［旋转］按钮，将旋转角度设为"22.5°"，副本设为"1"，点击［应用］按钮（图2-2-4），得到如图2-2-5所示的图形。

使用［贝塞尔工具］ ✐（在［手绘工具］按钮内），在复制的半径线的1/3处绘制一根曲线至第一根半径线的顶端，可用［形状工具］ ⬦ 调整曲线造型（图2-2-6），然后删除两根半径线。

使用［选择工具］，选择刚刚绘制的曲线，在［变换］面板上点击［缩放和镜像］按钮，并点击［X轴对称］按钮，副本设为"1"，点击［应用］按钮（图2-2-7），即可镜像复制了这条曲线（图2-2-8）。

使用［选择工具］，按住［Shift］键分别选中曲线（或者框选），使得这两条曲线处于选择状态，点击属性栏上的［合并］按钮 。然后使用［形状工具］，框选两条曲线相接的点，点击属性栏上的［连接点］按钮 。

将合并后曲线的中心轴点移动到圆心（图2-2-9）。

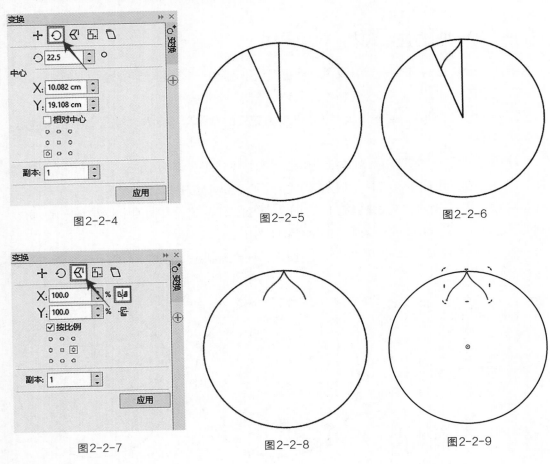

图2-2-4

图2-2-5

图2-2-6

图2-2-7

图2-2-8

图2-2-9

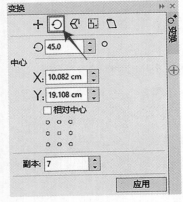

图2-2-10

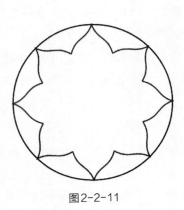

图2-2-11

在［变换］面板中点击［旋转］按钮，将旋转角度设为"45°"，副本设为"7"，点击［应用］按钮（图2-2-10）。

使用［选择工具］使如图2-2-11所示的所有红色曲线处于选择状态，点击属性栏上的［合并］按钮，使用［形状工具］将交点一一合并，形成封闭曲线。可以通过点击［色盘］填充颜色来检查曲线是否封闭，如果不能填充颜色说明有交点没有合并。

选择圆，然后在［变换］面板的大小中，将高宽都设为"1cm"（图2-2-12）。

得到如图2-2-13所示的图形。

圆形处于"选择"状态下，在［变换］面板的大小中，将高宽都设为"1.2cm"，将副本设为"1"，点击［应用］按钮，得到如图2-2-14所示的花形。将所有对象都选中，点击属性栏上的［合并］按钮 ，将所有对象结合到一起。

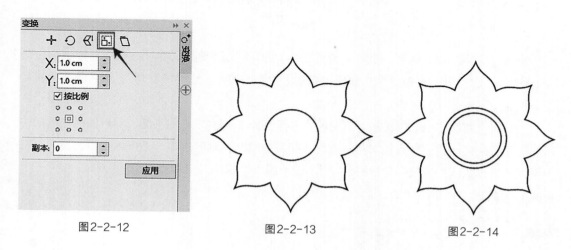

图2-2-12　　　　　　　　　图2-2-13　　　　　　　　　图2-2-14

使用［矩形工具］，绘制一个高和宽都为"10cm"的正方形。鼠标右键点击矩形，在右键菜单中选择"转换为曲线"（或者按组合键［Ctrl+Q］）。

使用［形状工具］，双击矩形右下角的点，这个点会被删除，得到一个三角形。

鼠标左键按住花形中心拖动到三角形的下角，必须将花形中心点与三角形的下角点贴齐重合（图2-2-15）。

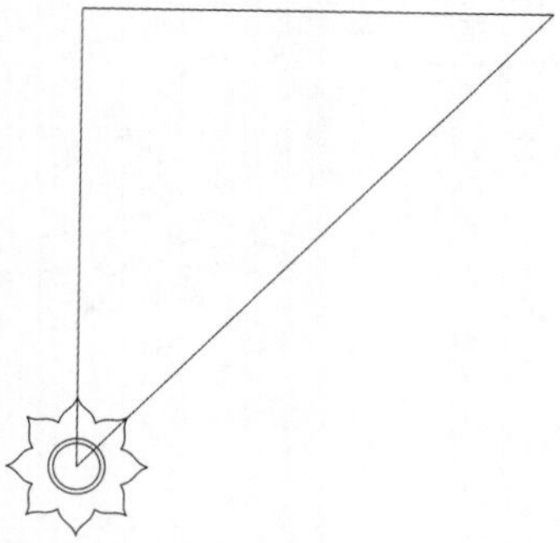

使用［贝塞尔工具］绘制如图2-2-16所示的闭合曲线，可以用［形状工具］调整造型。通过填充颜色来检查该曲线是否闭合，如果没有闭合一定要调整至闭合。该曲线左侧的直线部分必须与三角形的竖线重合。

图2-2-15

继续使用［贝塞尔工具］绘制如图2-2-17所示的闭合曲线，并用［形状工具］调整造型，该曲线右下的直线部分必须与三角形的斜向直线重合。

继续使用［贝塞尔工具］绘制如图2-2-18所示的闭合曲线，并用［形状工具］调整造型。

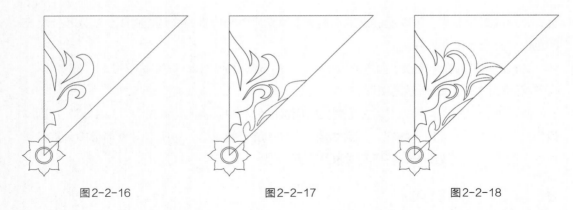

图2-2-16   图2-2-17   图2-2-18

绘制完毕后删除三角形。使用［选择工具］选择刚刚绘制的三个闭合曲线，点击组合键［Alt+Enter］，打开［对象属性］面板，点击［轮廓］按钮，选择"圆角"，所有的拐角就会比较整齐（图2-2-19）。

三个闭合曲线处于选择状态下，使用［选择工具］，按住［Ctrl］键，然后鼠标左键按住所选对象右侧中间的控制点，向左侧拖动（图2-2-20），同时点击一下鼠标右键，看到复制镜像成功后，依次松开鼠标左键和［Ctrl］键（图2-2-21）。

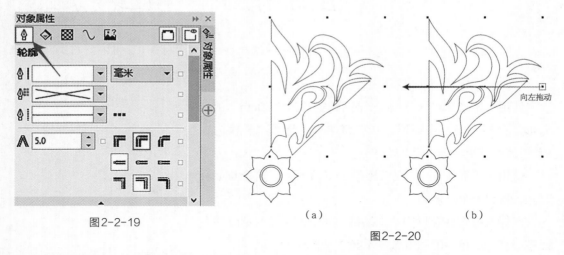

图2-2-19

（a）   （b）

图2-2-20

选择如图2-2-21所示的红色部分，再次点击，将中心轴点移动到花形中心。

在［变换］面板上点击［旋转］按钮，旋转角度设为"90°"，副本设为"3"，点击［应用］按钮（图2-2-22）。

得到如图2-2-23所示的图形。

使用［选择工具］，配合［Shift］键，选择如图2-2-24所示的红色相邻造型，点击属性栏上的［加法合并］按钮🔄，将这两个造型合并。

用同样方法依次将如图2-2-25所示的红色部分造型合并。

将如图2-2-26所示的红色部分选中，并点击［加法合并］按钮🔄。

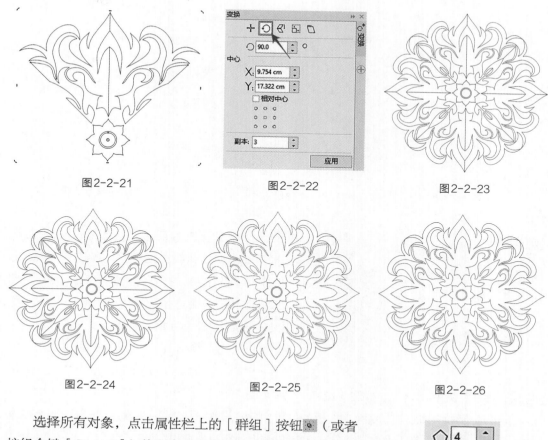

图2-2-21　　　　　　　　　图2-2-22　　　　　　　　　图2-2-23

图2-2-24　　　　　　　　　图2-2-25　　　　　　　　　图2-2-26

选择所有对象，点击属性栏上的［群组］按钮 ▣ （或者按组合键［Ctrl+G］）将所有对象编组，这样就画好了第一个单独花纹。

图2-2-27

接着绘制第二个单独花纹。使用［多边形工具］ ▣ ，在属性栏上将边数设为"4"（图2-2-27）。

按住［Ctrl］键，绘制一个正菱形，将高宽都设为"16cm"（图2-2-28）。

使用［手绘工具］，在菱形上下点之间绘制一条分割线（图2-2-29）。

使用［贝塞尔工具］，配合［形状工具］调整造型，绘制如图2-2-30所示的纹样，所有单独的造型的曲线都要闭合，和分割线重叠的部分要精确重合。

将所绘图形作镜像复制，选择这两个对象，点击［加法合并］按钮 ▣ 合并，得到如图2-2-31所示的单独花纹。

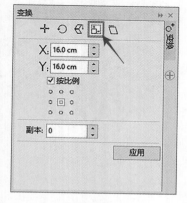

图2-2-28

新建一个"边长20cm"的正方形，填充"灰色"并去除边框色，点击组合键［Shift+PgDn］，将这个正方形置于底层。

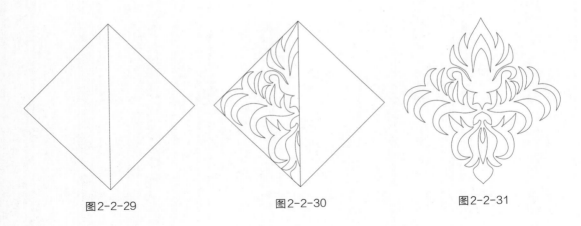

图2-2-29　　　　　　　　　图2-2-30　　　　　　　　　图2-2-31

图2-2-32

将第一个单独花纹填充为"黑色"，并去除边框色。选择第一个单独花纹和正方形，点击属性栏上的 [对齐和分布] 按钮 ，打开 [对齐分布] 面板，点击"左对齐"和"顶端对齐"（图2-2-32）。

得到如图2-2-33所示的纹样组。

点击 [变换] 面板上的 [位置] 按钮，将X数值设为"20cm"，Y设为"0cm"，副本设为"1"，点击 [应用] 按钮，复制出一个纹样组（图2-2-34）。

选择两个纹样组，在 [变换] 面板的位置中将X设为"0cm"，Y设为"-20cm"，副本设为"1"，点击 [应用] 按钮，复制出2个纹样组（图2-2-35）。

图2-2-33

图2-2-34

图2-2-35

得到如图2-2-36所示的四方连续样式。

如图2-2-37所示，将第二个单独花纹放到四方连续的中间位置，选择第二个单独花纹和左上的正方形（红色和蓝色部分），点击属性栏上的 [相交] 按钮 。

选择第二个单独花纹和右上角的正方形，点击 [相交] 按钮。

选择第二个单独花纹和左下角的正方形，点击［相交］按钮。

选择第二个单独花纹和右下角的正方形，点击［相交］按钮。

删除第二个单独花纹，删除右上、右下和左下的三个正方形和单独花纹。

通过上述操作第二个单独花纹被切割为四个部分，为便于说明，在图2-2-38中将四个部分设为了不同的颜色。

图2-2-36

图2-2-37

图2-2-38

配合［Shift］键先点选绿色部分，然后点选正方形，在［对齐与分布］面板上点击［右对齐］和［顶端对齐］按钮（图2-2-39），切割后的花纹对齐到正方形的右上角（图2-2-40）。

将图2-2-38中的红色部分对齐到正方形的左下角，橙色部分对齐到正方形的左上角，就得到如图2-2-41所示的样式。

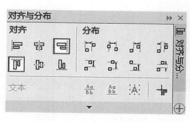

图2-2-39

图2-2-40

图2-2-41

选择第一个单独花纹，点击属性栏上［解散群组］按钮（或按组合键［Ctrl+U］），然后开始填充颜色。选择第一个单独花纹四边的花瓣，填充"暖黄色"（C：22；M：27；Y：100；K：0）（图2-2-42），填充效果如图2-2-43所示。

4个角的花纹填充"淡黄色"（C：15；M：13；Y：81；K：0），正方形填充"深蓝色"（C：89；M：75；Y：30；K：0）（图2-2-44）。

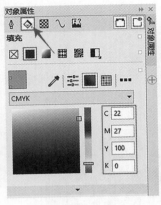

图2-2-42　　　　　　　　图2-2-43　　　　　　　　图2-2-44

　　选择图2-2-44中的黑色部分，在对象属性面板的［填充］中按下［渐变］按钮，选择"椭圆形渐变填充"，在渐变色带的中间部位双击，增加一个控制点，从左至右的三个控制点的颜色分别为"绿色"（C：60；M：13；Y：100；K：0）、"黄绿"（C：31；M：17；Y：100；K：0）、"黄色"（C：1；M：13；Y：100；K：0）（图2-2-45）。

　　得到如图2-2-46所示的效果。将该图导出为JPG格式的位图，分辨率设为"300dpi"（像素/英寸）。

　　打开Photoshop软件，然后打开保存的JPG格式的位图。打开图像菜单中的［画布大小］面板。将宽度和高度都设为"2360像素"，点击［确定］按钮。每边裁切"1.5个像素"，可以保证四方连续相接的精度（图2-2-47）。

　　打开图像菜单中的［图像大小］面板，将宽度和高度都设为"5厘米"，点击［确定］按钮（图2-2-48）。

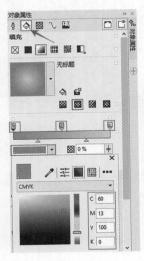

图2-2-45　　　　　　　　图2-2-46　　　　　　　　图2-2-47

打开编辑菜单中的［定义图案］。在［图案名称］中取个名称，点击［确定］按钮（图2-2-49）。

选择［油漆桶工具］ ，在选项栏上的填充选项里选择"图案"，在后面的图案库里选择刚定义好的图案（图2-2-50）。

新建一个高宽都是"20厘米"，分辨率为"300dpi"，颜色模式为"RGB"的空白文档，使用［油漆桶工具］在画面上填充就可以得到如图2-2-51所示的四方连续印花效果，最后保存该文件。

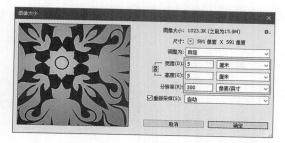

图2-2-48

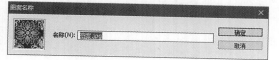

图2-2-49

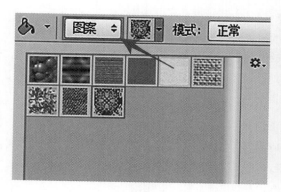

图2-2-50

图2-2-51

二、绘制四方连续蕾丝

启动CorelDRAW软件，新建文件，使用默认设置建立一个A4大小的空白文档。

使用［手绘工具］（或按快捷键［F5］），按住［Ctrl］键，绘制一条水平线，在［变换］面板上将线长设为"20cm"，点击［应用］按钮（图2-2-52）。

点击组合键［Alt+Enter］，打开［对象属性］面板，点击［轮廓］按钮，轮廓宽度设为"0.25mm"（图2-2-53）。

在［变换］面板上点击［位置］按钮，将X设为"0cm"，Y设为"-0.4cm"，副本设为"49"，点击［应用］按钮（图2-2-54）。

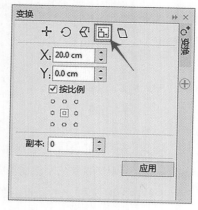

图2-2-52

确定视图菜单的贴齐中的对象处于"勾选"状态。按住［Ctrl］键，绘制一条长度"20cm"，宽度为"0.25mm"的纵向直线。使用［选择工具］按住纵向线的顶端，拖动到最上一条横线的左侧顶点（图2-2-55）。

图2-2-53

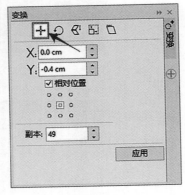

图2-2-54

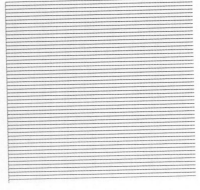

图2-2-55

在［变换］面板上点击［位置］按钮，将X设为"0.4cm"，Y设为"0cm"，副本设为"49"，点击［应用］按钮（图2-2-56）。

即可绘制一幅20cm×20cm的网格（图2-2-57）。

在对象菜单中打开［对象］面板。在［对象］面板上点击［新建图层］按钮，新建一个图层2，点击图层1前的 🔒，锁定图层1后，刚刚绘制的网格就不会被改动。点选图层2使其为当前操作的图层（图2-2-58）。

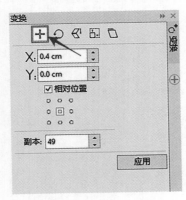

图2-2-56

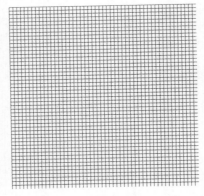

图2-2-57

图2-2-58

使用［手绘工具］或［贝塞尔工具］绘制如图2-2-59所示的花形，使用［形状工具］修改造型，保证每个花瓣都是封闭曲线。使用［选择工具］选择所有花瓣，在属性栏上点击［加法合并］按钮🏳，左键点击色盘"黑色"，右键点击色盘上的［无色］按钮☒，将花瓣填充为"黑色"并去除边框。

继续绘制如图2-2-60红色线所示的第2朵花，同样填充"黑色"，并去除边框。

绘制如图2-2-61红色线所示的第3朵花，填充"黑色"，并取消边框。

绘制如图2-2-62红色线所示的叶子，只需画三片叶子，其余的叶子可以通过复制旋转得到，再移动到对应的位置。填充"黑色"，并取消边框。

绘制如图2-2-63红色线所示的花枝，画1根画枝，其余通过镜像复制并旋转得到，再移动到对应的位置。填充"黑色"，并取消边框。

绘制如图2-2-64红色线所示的卷曲纹。填充"黑色"，并取消边框。

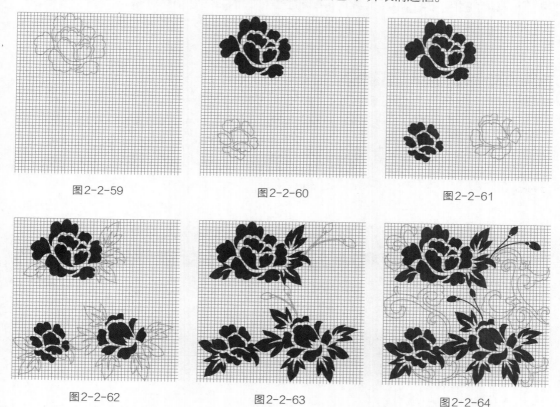

图2-2-59   图2-2-60   图2-2-61

图2-2-62   图2-2-63   图2-2-64

锁定图层2，并新建图层3（图2-2-65）。

在图层3上，使用［手绘工具］，绘制如图2-2-66红色线所示的纵横线。

这样就绘制完成了如图2-2-67所示的基本单元。

使用［选择工具］，在对象管理器上解锁各个图层，如图2-2-68所示为基本单元填充颜色（C：41；M：64；Y：27；K：0）。

在文件菜单中执行［导出］命令（或按组合键［Ctrl+E］），打开［导出］面板，为文件命名，在保存类型中选择"EPS"，在

图2-2-65

图2-2-66

图2-2-67

图2-2-68

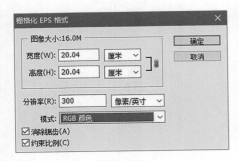

图2-2-69

[导出EPS]面板上点击[确定]按钮，导出文件。

打开Photoshop软件，在文件菜单中打开刚保存的EPS格式文件，在[栅格化EPS格式]面板上，将分辨率设为"300像素/英寸"（图2-2-69）。

打开图像菜单中的[画布大小]，在[画布大小]面板上将宽度和高度都设为"20厘米"（图2-2-70）。

打开图像菜单中的[图像大小]，在[图像大小]面板上将宽度和高度都设为"5厘米"（图2-2-71）。

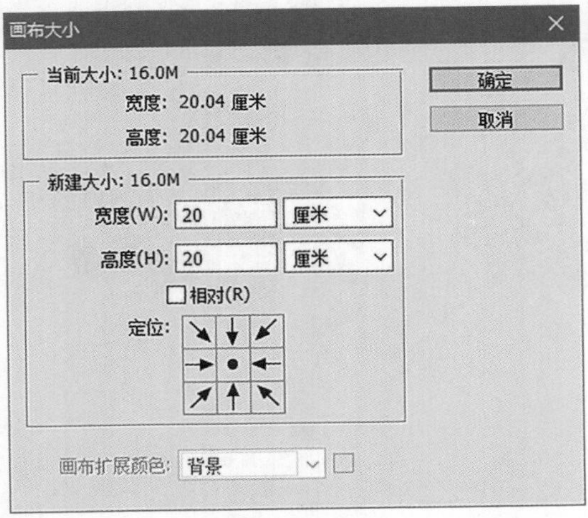

图2-2-70

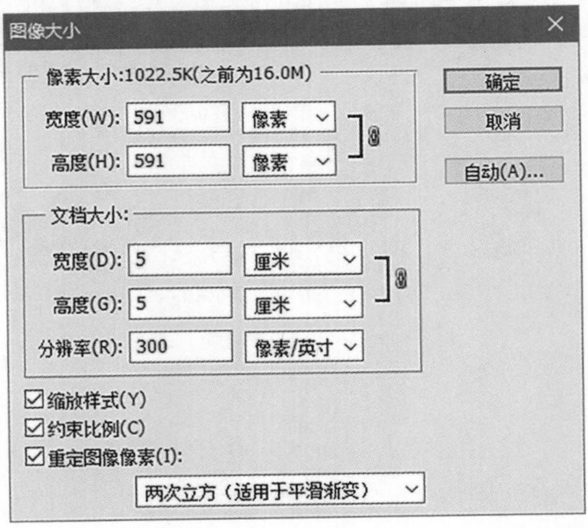

图2-2-71

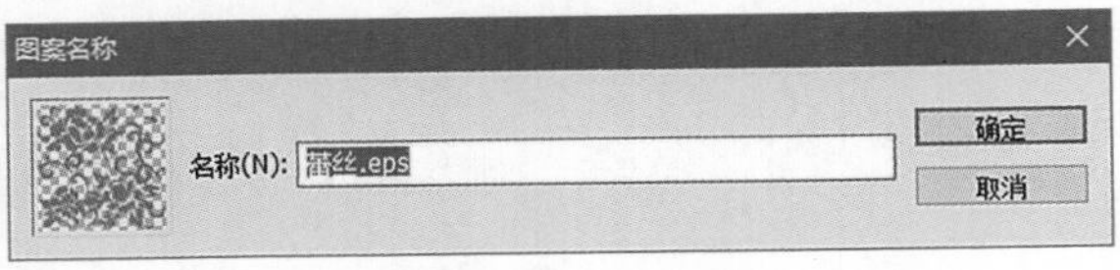

图2-2-72

打开编辑菜单中的[定义图案]，在[图案名称]面板上点击[确定]按钮（图2-2-72）。

使用[油漆桶工具]，在选项栏上选

择"图案",并点选刚建立的图案（图2-2-73）。

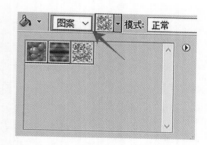

在文件菜单中新建一个高和宽都为"20厘米",分辨率为"300dpi",颜色模式为"RGB"的空白文档。

在［图层］面板上点击［新建图层］按钮,新建图层1（图2-2-74）。

使用［油漆桶工具］在空白文档上填充图案（图2-2-75）,得到蕾丝纹样的连续效果。如果还需要修改颜色,可以通过以下步骤完成。

图2-2-73

使用［移动工具］ ，在［图层］面板上点击鼠标左键按住图层1拖动至［新建图层］按钮上松开,把复制的新图层命名为"图层2"（图2-2-76）。

图2-2-74

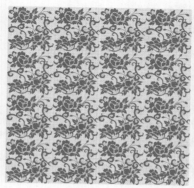

图2-2-75

图2-2-76

在［图层］面板上点击图层1,点击快捷键［Ctrl+M］,打开［曲线］面板,将曲线右上角的点拖动至最右下角（图2-2-77）,图层1上的图形成为黑色。

在滤镜菜单下执行［模糊/高斯模糊］命令,在［高斯模糊］面板上,将半径设为"2像素"（图2-2-78）。

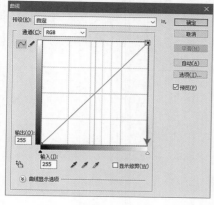

图2-2-77

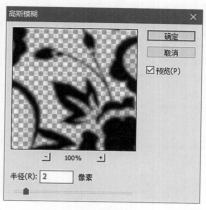

图2-2-78

选择［移动工具］，在键盘上点击向下方向键2次，再点击向右方向键2次，使得图层1稍微偏移（图2-2-79）。

选择［油漆桶工具］，如图2-2-80所示在［颜色］面板（［颜色］面板可以在窗口菜单中打开）上设置"紫红色"（C：41；M：64；Y：27；K：0）。在［图层］面板上选择"背景层"，在背景上填充"紫红色"。

在［图层］面板上选择图层2，在图像菜单的调整中打开［色相/饱和度］面板（或按组合键［Ctrl+U］），在［色相/饱和度］面板上将色相设为"+50"，饱和度设为"50"，明度设为"90"（图2-2-81）。

最终得到如图2-2-82所示的蕾丝效果。

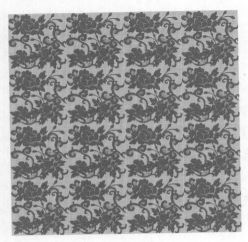

图2-2-79

图2-2-80

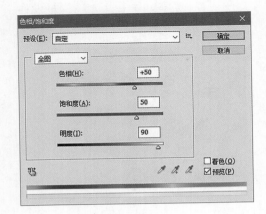

图2-2-81

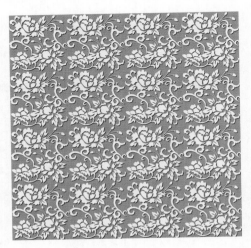

图2-2-82

第三章

饰品配件表现技法

知识点

CorelDRAW复制、镜像等；混合工具；布尔运算；轮廓图工具。PS图层管理；质感与立体感表现；Alpha通道。

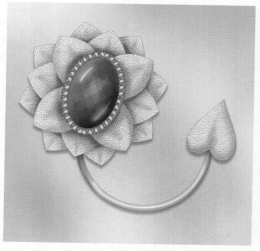

第一节
绘制首饰

一、胸针

启动 CorelDRAW 软件并新建一个空白文件。

使用 [椭圆形工具]，绘制一个任意大小的圆形。打开 [变换] 面板，将圆形的宽度设为 "50mm"，高度设为 "70mm"，点击 [应用] 按钮（图3-1-1）。

在 [变换] 面板上将宽度设为 "40mm"，高度设为 "60mm"，将副本设为 "1"，点击 [应用] 按钮，复制出一个椭圆（图3-1-2）。

使用 [矩形工具] 绘制一个宽 "25mm"，高 "50mm" 的矩形（图3-1-3）。

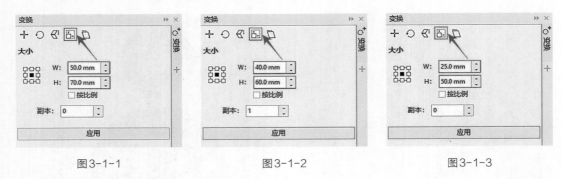

图3-1-1　　　　　　　　图3-1-2　　　　　　　　图3-1-3

使用 [贝塞尔工具]，依据图3-1-4所示位置参考，在矩形中绘出一条曲线，将该曲线做镜像复制（镜像复制方法请参考第二章第二节的绘制四方连续印花与蕾丝），得到如图3-1-5所示的图形。使用 [选择工具]，将这两条曲线选择，在属性栏上点击 [合并] 按钮，然后使用 [形状工具] 选择顶部的两个点，点击属性栏上的 [连接点] 按钮，使用同样的方法将下方两个点连接，得到如图3-1-6所示的花瓣造型，然后删除所绘制的矩形。

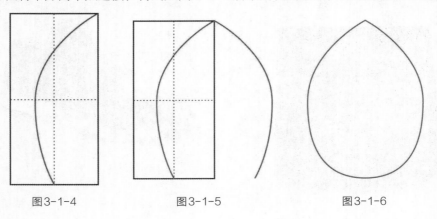

图3-1-4　　　　　　　　图3-1-5　　　　　　　　图3-1-6

确定查看菜单的贴齐中
对象处于"勾选"状态，按
住花瓣形中心移动并对齐到小
椭圆的顶点位置（图3-1-7）。
再点击一次花瓣，并将其轴心
移动到椭圆中心（图3-1-8）。

在［变换］面板的"旋
转"中，将角度设为"90°"，
将副本数设为"3"，点击
［应用］按钮（图3-1-9），得
到如图3-1-10所示的图形。

将4片花瓣选中并群组，
在［变换］面板的"旋转"
中，将角度设为"45°"，并
将副本设为"1"，点击［应
用］按钮（图3-1-11），得
到如图3-1-12的图形。

点击组合键［Ctrl+A］
选择所有物件，并填
充"白色"。使用快捷键
［Ctrl+PgUp（PgDn）］调
整图形的上下关系，得到如
图3-1-13所示的图形。

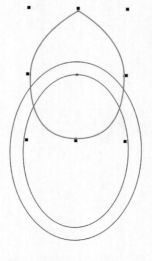

图3-1-7

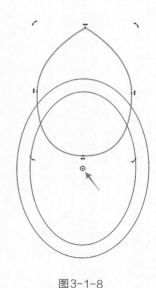

图3-1-8

图3-1-9

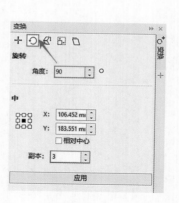

图3-1-10

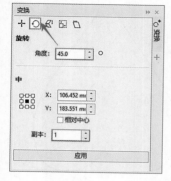

图3-1-11

图3-1-12

图3-1-13

选择所有的花瓣造型并群组。按组合键［Ctrl+C］和［Ctrl+V］，复制花瓣，并在属性栏上将其比例设为"110%"（图3-1-14），角度设为"22.5°"（图3-1-15），然后按下组合键［Ctrl+PgDn］，将其放到最下边（图3-1-16）。

将所有对象选择，在属性栏上将角度设为"345°"（图3-1-17）。

绘制直径为"110mm"的正圆。使用相同方法，复制出一个"100mm"的同心圆。选择这两个圆，点击属性栏上的［合并］按钮 ▣。

如图3-1-18所示，绘制一个矩形覆盖于环形的上一半，然后选择这两个物件，点击属性栏上的［移除前面对象］按钮 ▣，留下半个环形。

将半个环形放到花的下边，作为花枝（图3-1-19）。

再绘制一个宽"20mm"，高"50mm"的矩形。

使用［贝塞尔工具］ ✐，参考如图3-1-20所示的相对位置绘制一条曲线，将这条曲线做镜像复制，将两条曲线合并，先连接顶点，再连接下面的两个点（图3-1-21）。将做好的心形，填充"白

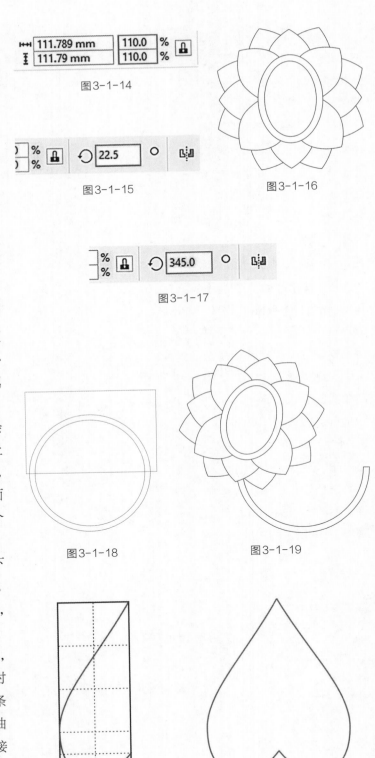

图3-1-14

图3-1-15

图3-1-16

图3-1-17

图3-1-18

图3-1-19

图3-1-20

图3-1-21

色"，旋转"22.5°"，移动到花枝的另一端
（图3-1-22）。

　　选择所有对象，在属性栏上将线条宽度设为
"0.5pt"（图3-1-23）。

　　接下来制作环绕在椭圆环上的珠子。

　　按照前文所述的方法，先绘制3个同心椭圆，
尺寸分别为：宽50mm，高70mm；宽45mm，
高65mm；宽40mm，高60mm（图3-1-24），
然后画一条直线纵向穿过椭圆中心作为辅助线
（图3-1-25）。

　　画一个直径为"5mm"的正圆，将其圆心
放在直线与中间椭圆的交叉点（图3-1-26）。将
正圆复制一个，圆心对齐到直线与中间椭圆的另
一个交叉点（图3-1-27）。

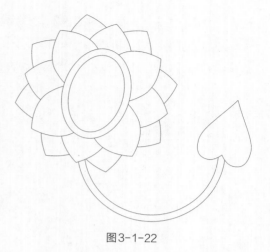

图3-1-22

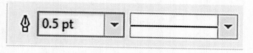

图3-1-23

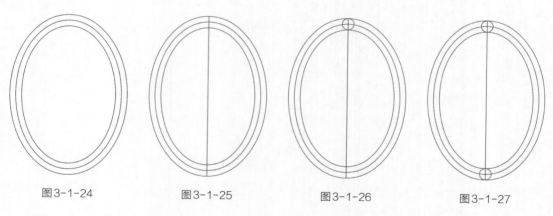

图3-1-24　　　　图3-1-25　　　　图3-1-26　　　　图3-1-27

　　选择工具栏上的［混合
工具］（或称为［调和工具］）
（图3-1-28），按住正圆形拖动
到另一个正圆形，得到类似如
图3-1-29所示的图形，圆的数
量因设置不同会不一样。

　　在属性栏上点击［路径
属性］按钮选择"新建路径"
（图3-1-30），并点击中间的椭
圆形，然后在属性栏上将步数

图3-1-28

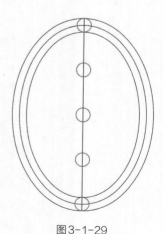

图3-1-29

设为"15"（图3-1-31），调整两端的圆形到如图3-1-32所示的位置。

右键点击混合生成的任何一个圆形，在右键菜单中点击［拆分路径群组上的混合］或者点击组合键［Ctrl+K］，这样就将混合属性消除了（图3-1-33）。

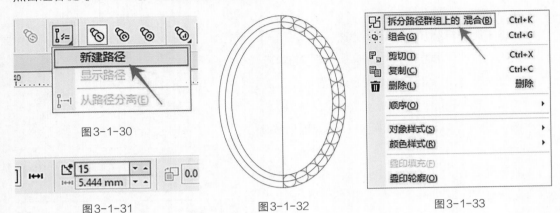

图3-1-30

图3-1-31

图3-1-32

图3-1-33

删除中间的椭圆和纵向直线（图3-1-34），将小圆都选择后做镜像复制（图3-1-35），然后删除两个椭圆，把所有的小圆群组并旋转"22.5°"，放置到花心中（图3-1-36）。

将做好的线稿导出为"JPG格式"的位图，将分辨率设为"300dpi"，文件名为"线稿"。

将图形填充如图3-1-37所示的颜色，并导出为"JPG格式"的位图，将分辨率设为"300dpi"，文件名为"线稿1"。

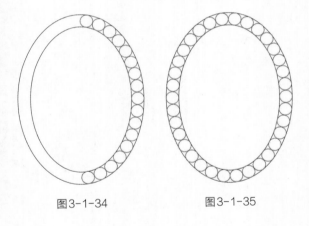

图3-1-34

图3-1-35

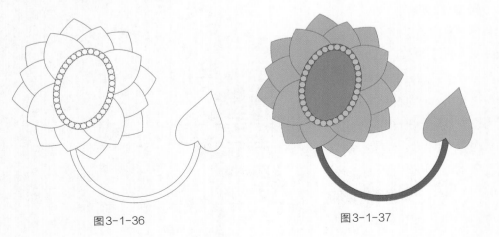

图3-1-36

图3-1-37

接着在Photoshop中为线稿着色。

启动Photoshop软件，新建一个宽度和高度都是"20cm"，分辨率为"300dpi"的空白文件。在文件菜单下点击［置入］按钮，将"线稿1.jpg"置入后，双击画面确定，并在［图层］面板上右键点击该图层，在右键菜单中点击"栅格化图层"。新建一个图层，图层名改为"宝石"（图3-1-38）。

使用工具栏上的［魔棒工具］，在图层线稿1的绿色上点击一下，在选择菜单的修改中点击"扩展"，将扩展值设为"1像素"，点击［确定］按钮。

选择［画笔工具］，在选项栏的［画笔预设］中，选择"硬圆边笔头"，大小设为"200像素"（图3-1-39），不透明度设为"30%"（图3-1-40）。

点击宝石图层，在所建选区内绘制，因为是半透明笔触，可以反映出色彩的叠加关系（图3-1-41）。

按照从图3-1-42～图3-1-44的步骤绘制宝石的切面。

新建一个图层，命名为"宝石阴影"（图3-1-45）。使用［画笔工具］，选择"柔边圆笔头"，将大小设为"500像素"（图3-1-46）。

点选"深青色"，继续在选区内涂绘宝石右下边缘的阴影，并使用"白色"在左侧绘制受光面（图3-1-47）。

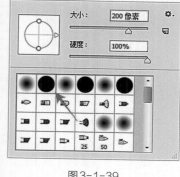

图3-1-39

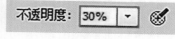

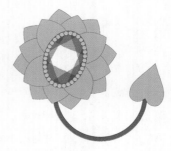

图3-1-38

图3-1-40

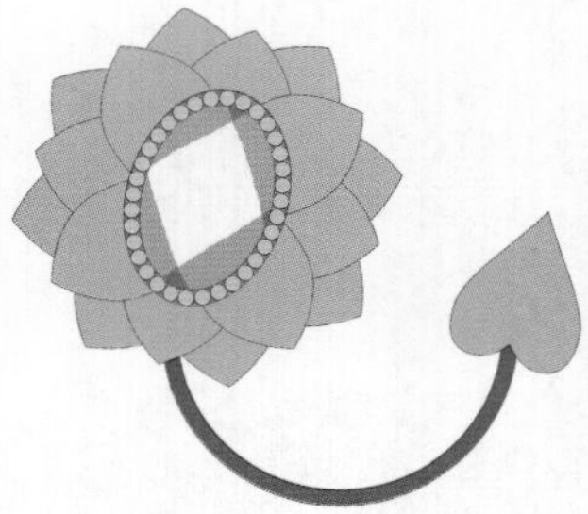

图3-1-41

图3-1-42

图3-1-43

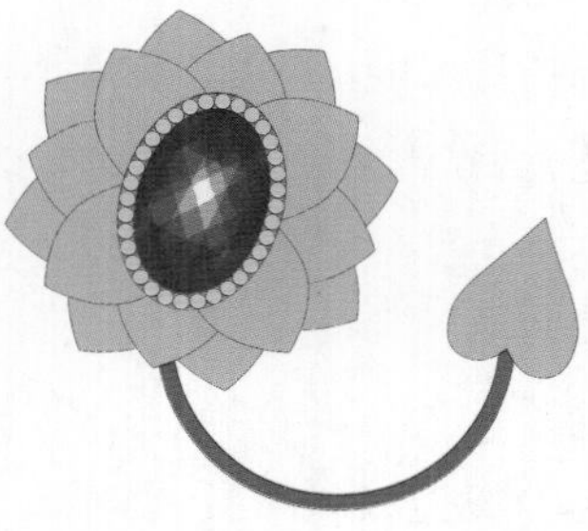

图3-1-44

图3-1-45

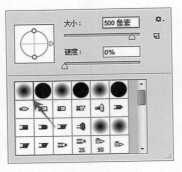

图3-1-46

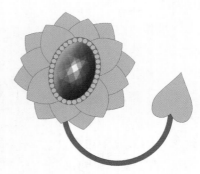

图3-1-47

新建一个图层，图层混合模式设为"正片叠底"，命名为"天蓝色"，使用［油漆桶工具］在选区中填入近似湖蓝的颜色，根据画面效果调整不透明度（图3-1-48），得到如图3-1-49所示的效果。

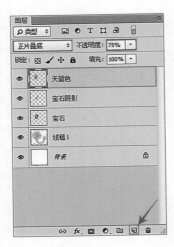

图3-1-48

图3-1-49

新建一个图层，命名为"宝石反光"（图3-1-50）。使用［画笔工具］，选择"柔边圆笔头"，按快捷键［F5］，打开［画笔］面板，勾选"形状动态"，并将大小控制设为"钢笔压力"（图3-1-51）。调整笔头至合适大小，使用白色绘制宝石的反光效果（图3-1-52）。

执行滤镜菜单下的［模糊/高斯模糊］命令，设置模糊半径为"25像素"（图3-1-53）。新

图3-1-50

图3-1-51

建一个图层，命名为"高光"
（图3-1-54）。按照图3-1-55
所示的效果绘制高光点。

在［图层］面板上点选高光
图层，按住［Shift］键，点击
宝石图层，这样就选择了从高光
图层到宝石图层的5个图层，右
键点击其中一个图层，在右键菜

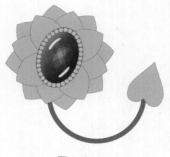
图3-1-52

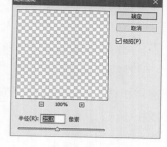
图3-1-53

单点击"从图层建立组"，在［从图层建立组］的面板上将组的名称取为"宝石"，点击［确
定］按钮。

新建图层，命名为"珠子"（图3-1-56）。在线稿1的图层上，使用［魔棒工具］，点击
黄色小圆，并在选择菜单的修改中点击"扩展"，将扩展值设为"1像素"，点击［确定］按
钮。在珠子图层，填充选区为"浅灰色"（图3-1-57）。

接着使用［画笔工具］，用稍微深一点的灰色在选区中绘制阴影，步骤如图3-1-58～
图3-1-60所示。

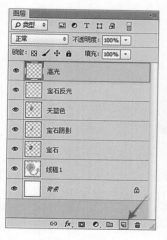
图3-1-54

图3-1-55

图3-1-56

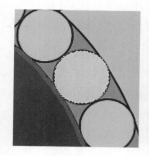
图3-1-57

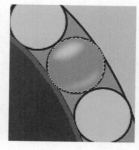
图3-1-58

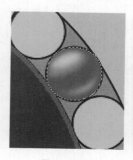
图3-1-59

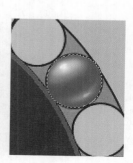
图3-1-60

按住［Alt］键，使用［移动工具］，拖动珠子到如图3-1-61所示的每个黄色圆位置。按组合［Ctrl+D］键，清除选区，继续按住［Alt］键，使用［移动工具］，移动画面上的珠子，可以看到复制出一个图层。

按组合键［Ctrl+T］，鼠标在控制框任意一个角的外边一点移动，就可以旋转对象。旋转和移动珠子到余下的黄色位置，按［Enter］键确定。重复类似操作将珠子放置成如图3-1-62所示的样子。在［图层］面板上选择所有珠子的图层，点击组合键［Ctrl+E］，合并这些图层。

新建一个宽度和高度都是"5cm"，分辨率为"300dpi"的空白文件。设置硬边圆画笔大小为"7像素"，用黑色在画面上绘制如图3-1-63所示的麻点。点击编辑菜单中的"定义画笔预设"，在［画笔名称］面板上点击［确定］按钮。

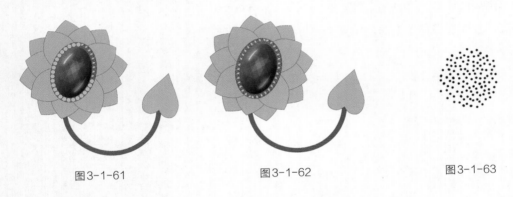

图3-1-61　　　　　　　　　图3-1-62　　　　　　　　　图3-1-63

新建一个图层，命名为"花瓣"。在［图层］面板上点击"添加图层样式fx"按钮，在［图层样式］面板上勾选"斜面和浮雕"，并选择其中的结构样式为"浮雕效果"，方法为"平滑"，大小和软化都是"5像素"（图3-1-64）。

使用［魔棒工具］，在线稿1图层选择"蓝色花瓣"，在选择菜单中点击"选取相似"，并在选择菜单的修改中点击"扩展"，将扩展值设为"1像素"，点击［确定］按钮。

新建一个图层，命名为"白色花瓣"，使用［油漆桶工具］在该图层的选区中填充"白色"，为便于观察，暂时将该图层的不透明度设为"50%"（图3-1-65）。

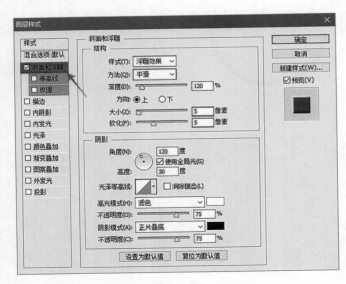

图3-1-64

使用刚制作的麻点画笔，在花瓣图层上的选区内绘制出细点（图3-1-66）。花瓣图层因为有图层样式，所以绘制出的细点呈现出立体效果。

文件菜单点击"置入"，将线稿置入，双击画面确定，并在［图层］面板上右键点击该图层，在右键菜单中点击"栅格化图层"，图层名称改为"线"，将图层混合方式改为"正片叠底"。

使用［魔棒工具］，在线稿1图层上选择橙色圆环，在选择菜单中点击"选取相似"，并在选择菜单的修改中点击"扩展"，将扩展值设为"1像素"，点击［确定］按钮。新建一个图层，命名为"环形"。

使用［魔棒工具］，在线稿1图层上选择红色花枝，在选择菜单中点击"选取相似"，并在选择菜单的修改中点击"扩展"，将扩展值设为"1像素"，点击［确定］按钮。然后新建一个图层，命名为"花枝"（图3-1-67）。

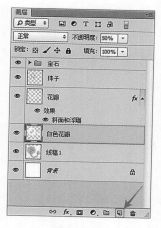

图3-1-65

图3-1-66

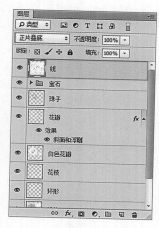

图3-1-67

在环形图层上添加图层样式，在［图层样式］面板上勾选"斜面和浮雕"，并选择其中的结构样式为"浮雕效果"，方法为"雕刻清晰"，大小为"8像素"，软化为"3像素"（图3-1-68）。

在花枝图层上添加图层样式，在［图层样式］面板上勾选"斜面和浮雕"，并选择其中的结构样式为"内斜面"，方法为"平滑"，大小为"38像素"，软化为"6像素"（图3-1-69）。

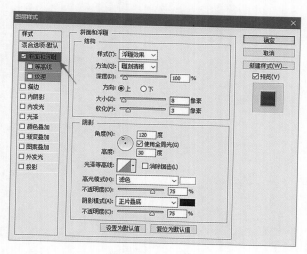

图3-1-68

经过上述绘制过程，得到如图3-1-70的效果。

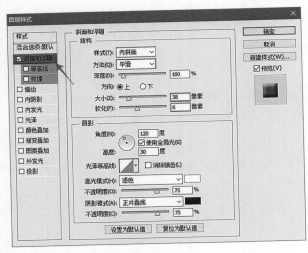

图3-1-69

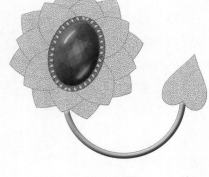

图3-1-70

此时的图层关系如图3-1-71所示，为便于图层管理，将花瓣、白色花瓣和花枝合为一个组，命名为"花瓣"。将珠子和环形合为一个组，命名为"珠子"（图3-1-72）。

使用［魔棒工具］，在线稿1图层，按住［Shift］键选择最外围的8个花瓣。在花瓣组中，新建一个图层，命名为"阴影"（图3-1-73），使用"柔边圆画笔"，用深灰色在阴影图层绘制阴影（图3-1-74）。

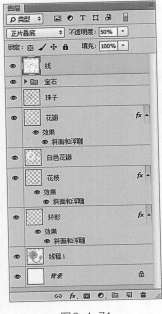

图3-1-71

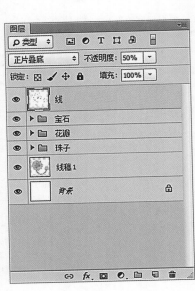

图3-1-72

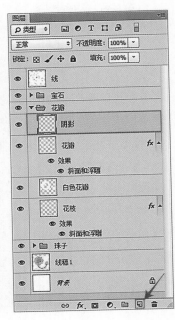

图3-1-73

使用同样的方法，绘制中间层的花瓣（图3-1-75），再绘制最内层的花瓣（图3-1-76），将心形按照图3-1-77所示绘制阴影，然后绘制花枝上的阴影。

用［魔棒工具］在线稿1图层选择花瓣，在花瓣组中新建高光图层（图3-1-78）。用刚制作的麻点画笔在选区内点少许白点，模拟高光。

用［魔棒工具］在线稿1图层选择花以外的白色部分，按组合键［Ctrl+Shift+I］，反向选择。新建一个图层，命名为"灰色"，选区内填充"浅灰色"（图3-1-79）。在灰色图层下新建一个图层，命名为"整体阴影"，选区内填充"黑色"，不透明度改为"30%"（图3-1-80）。将滤镜菜单的模糊中的［高斯模糊］设为10像素左右，点击［移动工具］，并点击键盘上的方向键向右3次，向下3次，偏移阴影。

图3-1-74

图3-1-75

图3-1-76

图3-1-77

图3-1-78

图3-1-79

图3-1-80

在宝石组的下方创建一个亮度/对比度的调整图层（图3-1-81），将亮度和对比度都设为"15"（图3-1-82）。

将花瓣组内的白色花瓣图层的不透明度改为"100%"，得到的效果如图3-1-83所示。

最后可以在最底层增加一个背景图层，填充"渐变色"，以烘托效果（图3-1-84）。

图3-1-81

图3-1-82

图3-1-83

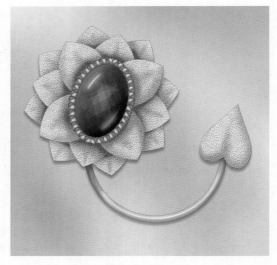

图3-1-84

二、颈饰

启动CorelDRAW软件并新建一个空白文件。

使用［椭圆形工具］，打开［变换］面板，绘制5个同心圆，直径分别是"110mm""100mm""45mm""30mm"和"27mm"，将这个5同心圆群组，填充"白色"（绘制同心圆的方法请参考上一节）。

再绘制5个同心圆，直径分别是"58mm""55mm""42mm""36mm"和"33mm"。绘制一个宽"20mm"，高"29mm"的椭圆。同时选择这5个同心圆和椭圆，在对象菜单上点击［对齐与分布］按钮，打开［对齐和分布］面板，点击"横向居中对齐"，再点击"纵向居中对齐"（图3-1-85）。将这6个圆群组，填充"白色"。

　　绘制2个同心圆，直径分别是"6mm"和"4.5mm"。绘制1个宽为"3mm"，高为"6mm"的矩形，再复制一个相同大小的矩形，将这组对象放置成如图3-1-86所示的位置，然后将其群组。利用［变换］面板，将该组再复制两个，间距为"8mm"（图3-1-87），然后群组，填充"白色"。

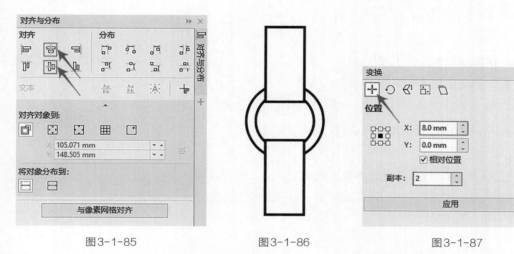

图3-1-85　　　　　　　　图3-1-86　　　　　　　　图3-1-87

　　将以上绘制的所有对象摆放成如图3-1-88所示的位置，并调整上下顺序。使用［对齐和分布］面板，将三组物件纵向居中对齐。

　　绘制一个宽"7mm"，高"18mm"的矩形，以此矩形作为参考，画一条弧线（图3-1-89）。

　　将该弧线做对称镜像，将两条弧线合并，连接顶部的两个点，再连接底部的两个点，将图形封闭为小花瓣形，与上一节花瓣的绘制方法相同（图3-1-90），然后将矩形参考线删除。

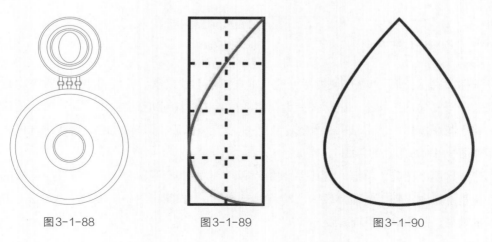

图3-1-88　　　　　　　　图3-1-89　　　　　　　　图3-1-90

在工具栏上点击［轮廓图工具］■，点击一下"花瓣形轮廓"，在属性栏上选择"内部轮廓"，步长为"1"，偏移"1.5mm"（图3-1-91），可以看到花瓣形内部多了一圈平行线（图3-1-92）。

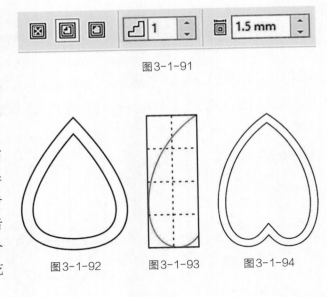

图3-1-91

绘制一个宽"10mm"，高"27mm"的矩形，以此矩形作为参考，画一条弧线（图3-1-93）。参考前一步骤，将弧线镜像对称，合并后封闭，将参考矩形删除。同样作一个向内1.5mm的轮廓，绘制出一个大花瓣（图3-1-94）。

图3-1-92　　　图3-1-93　　　图3-1-94

通过大同心圆的圆心绘制一条垂直线到上顶点，将直线的轴点移动到圆心（图3-1-95），旋转"22.5°"，复制"2个"副本（图3-1-96），得到如图3-1-97所示的三条辅助线。

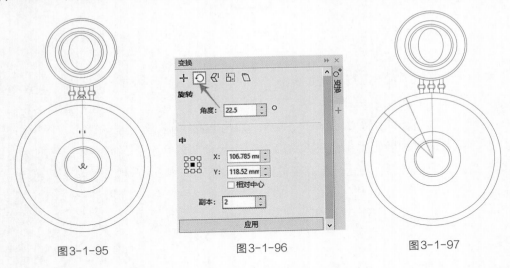

图3-1-95　　　　　　　　图3-1-96　　　　　　　图3-1-97

选择"大花瓣形"，点击属性栏上的［垂直镜像］按钮■。在查看菜单的对齐中确认贴齐对象处于"勾选"状态。鼠标按住大花瓣的顶点，将其对齐到如图3-1-98所示的垂直线上。将小花瓣复制一个（原来一个留着备用），垂直镜像后，旋转22.5°，采用同样的方法对齐到如图3-1-98所示的斜线上。

选择这两个花瓣，群组，将其中心轴点移动，与大圆圆心重合。在［变换］面板的旋转中，将角度设为"45°"，副本设为"7"，点击［应用］按钮（图3-1-99），得到图3-1-100所示的造型，并删除三条辅助线。

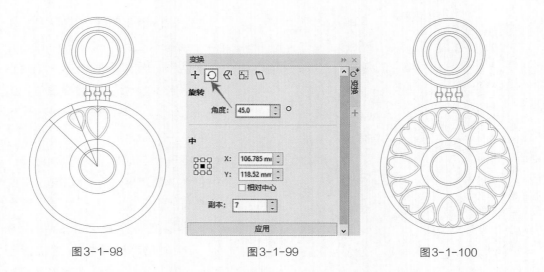

<table>
<tr><td>图3-1-98</td><td>图3-1-99</td><td>图3-1-100</td></tr>
</table>

将备用的小花瓣的宽度设为"5mm"，高度设为"6mm"，移动到小同心圆上旋转复制，在［变换］面板的旋转中，将角度设为"15°"，副本设为"23"，点击［应用］按钮，得到如图3-1-101所示的图形。

绘制一个直径为"37.5mm"的圆，圆心对齐到大同心圆的圆心，再绘制一条穿过圆心的垂直线（图3-1-102），这个圆和垂直线是用来绘制花心的辅助线。

绘制一个直径为"7mm"的圆，将圆心对齐到两条辅助线的交点。复制这个圆，将圆心对齐到辅助线的另一交点（图3-1-103）。

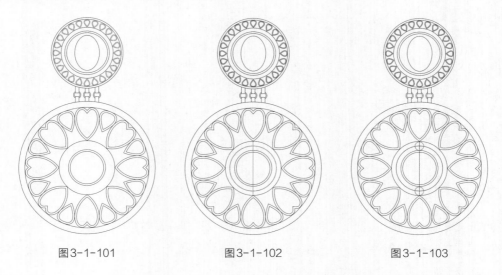

<table>
<tr><td>图3-1-101</td><td>图3-1-102</td><td>图3-1-103</td></tr>
</table>

使用［混合工具］ ，参照上一节做花心的方法，将圆形辅助线作为路径，调和步数设为"6"，得到如图3-1-104所示的花心，拆分混合将辅助线删除，再将这些小圆做镜像复制得到图3-1-105所示的效果。

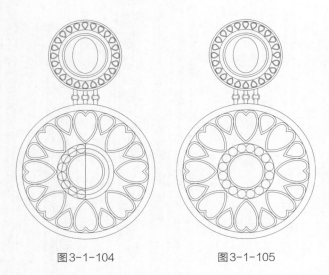

绘制一个正圆作为参考线，使用［贝塞尔工具］在圆内绘制一个凤凰造型，使用［形状工具］调整造型（图3-1-106）。将凤凰放置到大同心圆中心，调整至合适的大小（图3-1-107）。

将这个图形导出为"jpg格式"的位图，分辨率设为"400dpi"，文件名为"线稿1"。

接着把各个圆环上的圆形珠子，参考花心的绘制方式都画上（图3-1-108）。将这个图形导出为"jpg格式"的位图，分辨率设为"400dpi"，文件名为"线稿2"。

打开Photoshop软件，新建一个宽和高都是"20cm"，分辨率为"400dpi"的空白文档。

图3-1-104　　　　　　　图3-1-105

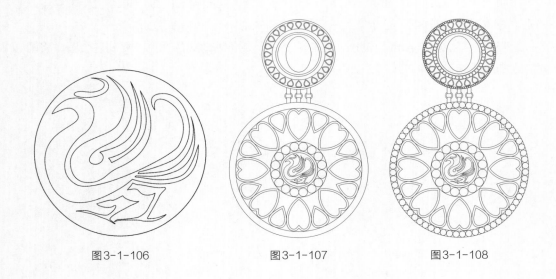

图3-1-106　　　　　　　图3-1-107　　　　　　　图3-1-108

点击文件菜单里的［置入］，将线稿1.jpg置入，双击画面，并在［图层］面板上右键点击该图层，在右键菜单中点击"栅格化图层"。点击组合键［Ctrl+E］，将线稿1图层与背景合并。新建一个图层，命名为"金色"（图3-1-109）。

使用［魔棒工具］，配合［Shift］键，在背景上选择除颈饰外的所有空白部分，然后在选择菜单中点击"反选"（或者点击组合键［Ctrl+Shift+I］）。执行菜单［修改/收缩］命令，将选区收缩1像素，点击［确定］按钮。

　　使用工具栏上的［渐变工具］，在选项栏上点击［渐变拾色器］按钮，打开渐变编辑器（图3-1-110）。

　　调整渐变大致为如图3-1-111所示的效果，模拟金色的渐变，不必非常精确。使用［渐变工具］在画面上拖动，将渐变颜色填充至所建的选区。

图3-1-109

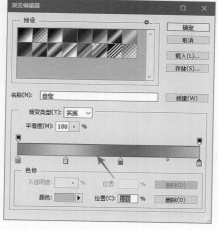

图3-1-110

图3-1-111

　　选取［画笔工具］，将大小设为"450像素"，将其硬度设为"0%"（图3-1-112）。配合［Alt］键，选取颜色，在选区中随机涂抹，大致效果如图3-1-113所示。

　　置入线稿2.jpg，双击画面，并在［图层］面板上右键点击该图层，在右键菜单中点击［栅格化图层］命令。新建图层，命名为"金环"（图3-1-114）。

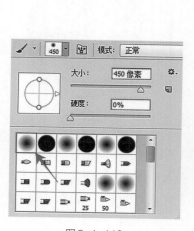

图3-1-112

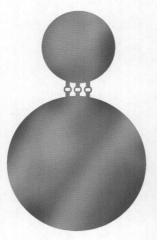

图3-1-113

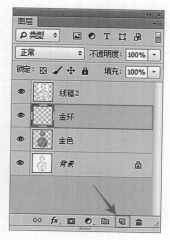

图3-1-114

　　为了便于观察，在［图层］面板上，点击线稿2图层和金色图层前的◉图标，暂时使得这两个图层不可见。以后需要这图层可视时，再点击图层前的◉图标即可。

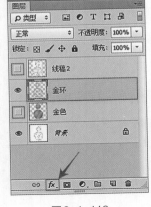

图3-1-115　　　　　　　图3-1-116

使用［魔棒工具］，在背景上，配合［Shift］键，选择如图3-1-115所示的黄色部分，执行菜单中的［修改／扩展］命令，将选区扩展1像素。然后使用［油漆桶工具］，在金环图层上填充"浅黄色"。

在［图层］面板上选择金环图层，点击［fx］按钮选择"斜面和浮雕"（图3-1-116），打开［图层样式］面板，点选"斜面和浮雕"，选择样式为"浮雕效果"，方法为"平滑"，大小设为"30像素"，软化设为"3像素"，点击［确定］按钮（图3-1-117），得到如图3-1-118所示的效果。

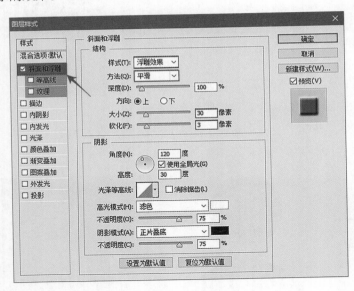

图3-1-117　　　　　　　　　　　　　　　　图3-1-118

用同样的方法，在背景上使用［魔棒工具］选择凤凰。新建图层，命名为"凤凰"，填充"浅黄色"（图3-1-119）。为凤凰图层设置图层样式，点选"斜面和浮雕"，选择样式为"内斜面"，方法为"雕刻柔和"，深度为"150%"，大小设为"10像素"，软化设为"8像素"，点击［确定］按钮（图3-1-120），得到如图3-1-121所示的效果。

在线稿2图层上，使用［魔棒工具］选择靠近凤凰的任意一个珠子，并将选区扩展1个像素。新建一个图层，命名为"金珠"。使用［画笔工具］，画笔大小设为"45像素"，硬度为"0%"（图3-1-122）。配合［Alt］键，选取画面上的颜色，绘制出如图3-1-123所示的

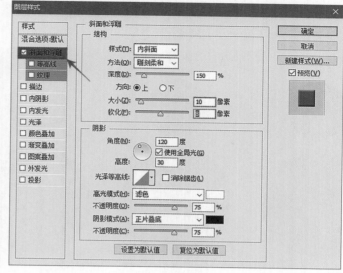

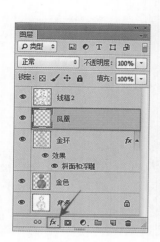

图3-1-119

图3-1-120

图3-1-121

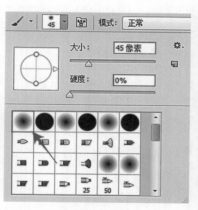

图3-1-122

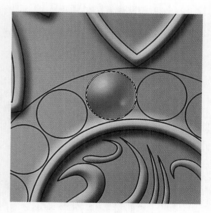

图3-1-123

珠子。在绘制过程中，如果需要通过压力控制笔头大小，按［F5］打开［画笔］面板，勾选"形状动态"，并将［大小抖动下/控制］选为"钢笔压力"。

在［图层］面板上，拖动金珠图层至新建图层释放，即复制了一个图层，重新命名复制的图层为"中金珠"。用同样方法再复制2个图层，分别命名为"小金珠"和"微金珠"，暂时将这三个新复制的图层设为不可见。

回到金珠图层，此时金珠应还处在选区状态，按住［Alt］键，使用［移动工具］拖动选区内的金珠至紧邻的空白圆圈中，依照此方法复制直至如图3-1-124所示的效果。

使中金珠图层可见，并使用［选框工具］框选复制的金珠，按下组合键［Ctrl+T］，调整整珠子大小与大环边缘的珠子一样，点击［Enter］键确认。使用［移动工具］配合［Alt］键复制珠子如图3-1-125所示。

　　用同样的方法，在小金珠图层，将小圆上的小金珠复制。在微金珠图层，复制最小的珠子，得到如图3-1-126所示的效果。

　　新建一个名为"微细珠"的图层，继续复制最小的珠子，得到如图3-1-127所示的效果。

| 图3-1-124 | 图3-1-125 | 图3-1-126 | 图3-1-127 |

　　为便于管理，在［图层］面板上，配合［Ctrl］键选择所有包含金珠子的图层，在所选的图层上按右键，在右键菜单中点选"从图层建立组"，将组取名为"珠子"。将线稿2和珠子以外的其他图层合为一个组，命名为"金色面"（图3-1-128）。

　　新建一个图层，命名为"白色"（图3-1-129）。使用［魔棒工具］，在背景上，配合［Shift］键，选择即将绘制的宝石部分，执行菜单中的［修改/扩展］命令，将选区扩展1像素。然后使用［油漆桶工具］，在白色图层上填充"纯白色"（图3-1-130）。

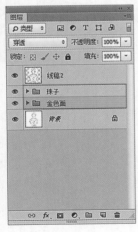

图3-1-128

图3-1-129

图3-1-130

　　接着使用［画笔工具］，如图3-1-131所示，在选项栏上将大小设为"90像素"，硬度设为"100%"，不透明度设为"40%"。点击工具栏上的［前景色］按钮，在拾色器中选择一个大红颜色（图3-1-132）。

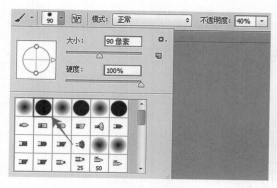

图3-1-131

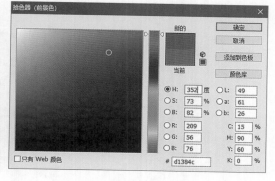

图3-1-132

使用［魔棒工具］配合［Shift］键，在白色图层上选择需要绘制红宝石的部分。新建一个图层，取名为"红宝石"（图3-1-133）。使用［画笔工具］在选区中涂抹，得到如图3-1-134所示的效果。再使用稍微深一些的红色继续绘制，得到如图3-1-135所示的效果。

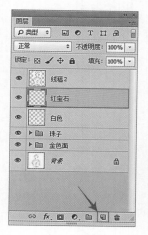

图3-1-133

图3-1-134

图3-1-135

使用［画笔工具］，如图3-1-136所示，将大小设为"200像素"，硬度设为"0%"，在拾色器中选择一个近乎黑色的深红颜色。新建一个图层，命名为"阴影"（图3-1-137）。在红宝石的选区中绘制暗部颜色（图3-1-138）。

新建图层，命名为"受光面"（图3-1-139），使用纯白色绘制受光面（图3-1-140）。

新建图层，命名为"高光"（图3-1-141）。点击［F5］打开［画笔］面板，勾选"形状动态"，将大小抖动下的控制选为"钢笔压力"。绘制的时候调整画笔硬度，以适应需要绘制的形状。使用纯白色，绘制高光部分（图3-1-142）。

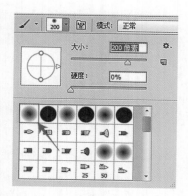

图3-1-136

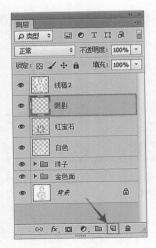

图3-1-137

图3-1-138

图3-1-139

图3-1-140

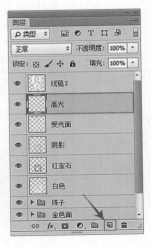

图3-1-141

图3-1-142

将红宝石、阴影、受光面和高光4个图层合为一个组，命名为"红宝石"。

用同样的方法绘制绿宝石（图3-1-143），并把绿宝石相关图层合为一个组。接着绘制小圆盘上的蓝宝石和中间的翡翠（图3-1-144），同样分别合并为蓝宝石组和翡翠组（图3-1-145）。

图3-1-143

图3-1-144

接着，调整色彩，使得宝石更加明亮通透。执行［图层］面板上的［调整图层/曲线］命令，在蓝宝石图层上方建立一个调整图层（图3-1-146）。在［属性］面板上将曲线调整为图3-1-147所示的造型，可以看到绘制对象的亮度得到增强（图3-1-148）。

绘制两个圆盘之间的连接带，如图3-1-149所示建立连接环图层，并用［画笔工具］在对应图层上绘制，得到如图3-1-150所示的效果。

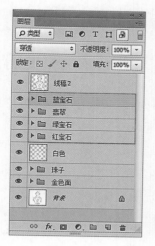

图3-1-145

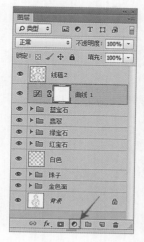

图3-1-146

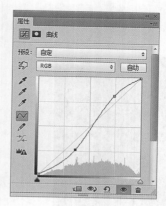

图3-1-147

图3-1-148

图3-1-149

图3-1-150

最后处理最上面图层的线。选择线稿2的图层，按下组合键［Ctrl+A］全部选择。再按下组合键［Ctrl+C］复制对象。在［通道］面板上，点击［新建通道］按钮，新建了一个通道"Alpha 1"（图3-1-151）。点击组合键［Ctrl+V］粘贴对象，再点击组合键［Ctrl+I］，反转颜色。使用［油漆桶工具］将画面四周的白色部分用纯黑填充，得到如图3-1-152所示的通道。

图3-1-151

图3-1-152

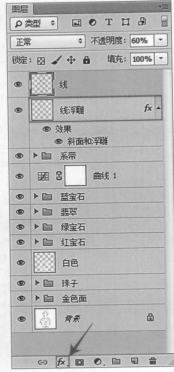

图3-1-153

回到［图层］面板，将原线稿2图层删除，新建一个图层线稿，命名为"线"。执行选择菜单中的［载入选区］命令，通道选择"Alpha 1"，点击［确定］按钮。使用［油漆桶工具］，在线图层填充"深棕色"。在线图层下方再建立一个新图层，命名为"线浮雕"，在选区中填充"黄色"，图层关系如图3-1-153所示。

在线浮雕图层上添加图层样式。在［图层样式］面板上，选择"斜面和浮雕"选项，将样式选为"浮雕效果"，方法为"平滑"，大小为"5像素"，软化为"0像素"，点击［确定］按钮（图3-1-154），即可看到如图3-1-155所示的效果，图3-1-156是颈饰佩戴效果图。

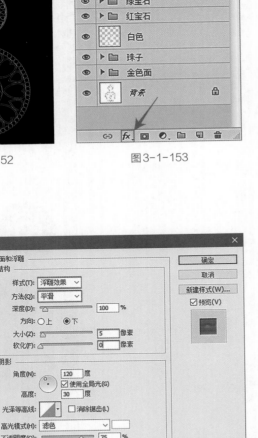

图3-1-154

图3-1-155

图3-1-156

第二节

绘制提包

打开CorelDRAW软件并新建一个空白文件。

使用［矩形工具］，绘制一个宽"125mm"，高"140mm"的矩形。

在属性栏上，将圆角半径设为"10mm"（图3-2-1），得到如图3-2-2所示的圆角矩形。

鼠标右键点击圆角矩形，在右键菜单中点击"转换为曲线"（或者直接按组合键［Ctrl+Q］）。使用［形状工具］将矩形顶边上的两个点删除

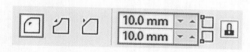

图3-2-1

（双击这两个点即可删除）。右键点击顶边线，在右键菜单中点击"到直线"命令。右键点击矩形左侧线，在右键菜单中点击"到曲线"，参照图3-2-3所示位置在左侧线上双击加点并调整位置。

使用［选择工具］，选择图3-2-4所示的图形，按组合键［Ctrl+C］复制，按组合键［Ctrl+V］粘贴，完成矩形的原位复制。在属性栏上点击［水平镜像］按钮，将复制的图形水平翻转。将这两个图形选择，在属性栏上点击［相交按钮］，接着将多余的部分删除，得到如图3-2-4所示的包的正面轮廓。在距离顶边约5mm的位置绘制一条虚线。

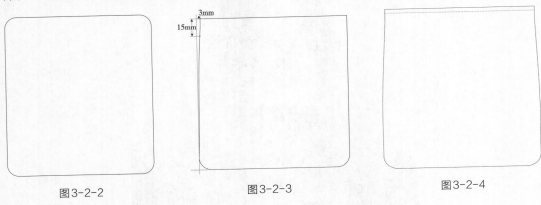

图3-2-2　　　　　　　图3-2-3　　　　　　　图3-2-4

在距离顶边约35mm的位置绘制一个矩形，高度为7.5mm，宽度大于包的宽度，选择矩形和包的轮廓，点击［相交］按钮，将多余部分删除（图3-2-5）。

接着在包轮廓的左下角和右下角绘制圆，同样使用相交功能，留下共用形状（图3-2-6）。

使用［贝塞尔工具］，绘制包的侧面轮廓（图3-2-7）。

图3-2-5　　　　　　　图3-2-6　　　　　　　图3-2-7

继续绘制包的侧面造型（图3-2-8）。

使用［贝塞尔工具］，绘制包上缘的贴皮造型，并复制一条线，设置为虚线（图3-2-9）。

使用［贝塞尔工具］绘制提手（造型需要闭合），用［椭圆工具］绘制提手下端的两个部分，将提手和椭圆选择，在属性栏上点击［加法合并］按钮。绘制轮廓为虚线的两个椭圆，表示线迹（图3-2-10），然后再绘制另一侧的提手（图3-2-11）。

使用［矩形工具］和［椭圆形工具］绘制包侧面的挂件（图3-2-12）。选择全部对象，把线条粗细改为"0.25mm"。可以按组合键［Alt+Enter］，打开［属性］面板修改线迹宽度。

图3-2-8

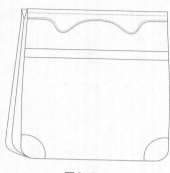

图3-2-9

图3-2-10

图3-2-11

图3-2-12

使用［贝塞尔工具］绘制不规则形状的宝石，摆放成如图3-2-13所示的造型。将不规则宝石造型群组，镜像复制（图3-2-14）。

绘制一个高约"28mm"，宽约"11.5mm"的矩形，作为标牌（图3-2-15）。

图3-2-13

图3-2-14

图3-2-15

使用［贝塞尔工具］绘制一个鸟形（图3-2-16）。然后再输入几个英文字母（图3-2-17）。

分别将宝石和鸟的边框去掉（右键点击色板上的无色），填充不同颜色。可以填充为任意纯色，以便于下一步可以在Photoshop中快速建立选区（图3-2-18）。

图3-2-16

图3-2-17

图3-2-18

图3-2-19

图3-2-20

将绘制后的对象导出为"JPG格式"的位图，分辨率设置为"300dpi"，文件命名为"线稿"。

接着打开Photoshop软件，为提包着色。新建一个空白文件，分辨率为"300dpi"，宽度和高度都为"20cm"。在文件菜单中点击［置入］按钮，将图形文件"线稿.jpg"置入。双击画面，在［图层］面板右键点击刚置入的图层，在右键菜单中点击"栅格化图层"（图3-2-19）。使用［油漆桶工具］，将这个图层的透明部分填充为"纯白色"。为避免在线稿图层误填颜色，可以点击［图层］面板上的 🔒 按钮，将该图层锁定。

使用［魔棒工具］，配合［Shift］键，选择包以外的所有部分，然后在选择菜单中点击"反向"（或者按组合键［Shift+Ctrl+I］）。执行菜单中的［修改/收缩］命令，将选区收缩1个像素。以后用［魔棒工具］，建立选区时，都要根据情况扩展或收缩选区，以保证填色区域不会超出轮廓线。

新建一个图层，命名为"基本色"（图3-2-20）。使用［油漆桶工具］，将"深紫色"（参考值为：C：80；M：90；Y：50；K：20）填充至选区（图3-2-21）。

新建一个图层，命名为"阴影"。使用硬度为"0"，大小为"200像素"的画笔（柔边圆），用更深一点的紫色绘制包的阴影。可以先用［魔棒工具］在线稿图层上选取需要绘制阴影的部分，再到阴影图层绘制阴影（图3-2-22）。

新建一个图层，命名为"受光"，使用白色绘制受光的部分（图3-2-23）。

图3-2-21   图3-2-22   图3-2-23

新建一个图层，取名为"拼贴"（图3-2-24）。使用深色（参考值为：C：85；M：100；Y：55；K：30）填充拼贴部分（图3-2-25）。

使用［魔棒工具］在线稿图层选择布面区域。新建一个图层，命名为"布面"。使用"灰绿色"（参考值为：C：65；M：45；Y：60；K：0）填充布面部分。在滤镜菜单里执行［杂色/添加杂色］命令（图3-2-26）。在［添加杂色］面板中将数量设为"250%"，选择"高斯分布"。在滤镜菜单里执行［模糊/动感模糊］命令。在［动感模糊］面板中将角度设为"0度"，距离设为"50像素"（图3-2-27）。将布面图层的不透明度修改为50%。

图3-2-24

图3-2-25

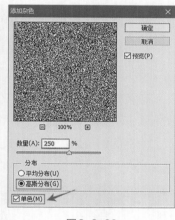

图3-2-26

图3-2-27

　　新建一个图层，默认名称为"图层1"在选区中填充"灰绿色"（参考值为：C：60；M：30；Y：55；K：0），并将该图层的不透明度设为"40%"（图3-2-28）。点击组合键［Ctrl+E］向下合并图层，调整合并后的布面图层的不透明度（图3-2-29）。

　　得到的布面效果如图3-2-30所示。

图3-2-28

图3-2-29

图3-2-30

　　将线稿以外的其他图层全部选择，右键点击所选图层，在右键菜单中点击"从图层建立组"，将图层组命名为"包"（图3-2-31）。

　　在线稿图层上用［魔棒工具］选择标牌。新建一个图层，命名为"标牌"（图3-2-32）。在选区中填充"灰黄色"（参考值为：C：45；M：35；Y：90；K：0）。

　　为标牌图层添加图层样式。在［图层样式］面板上，点击［斜面和浮雕］按钮，选择样式为"内斜面"，方法为"平滑"，大小为"5像素"（图3-2-33）。

图3-2-31

图3-2-32

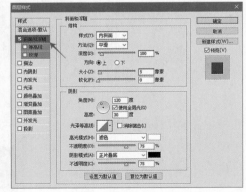

图3-2-33

　　在线稿图层用［魔棒工具］选择鸟的形状。新建一个图层，命名为"鸟"。填充同样的"灰黄色"（图3-2-34）。添加图层样式，图层样式设置与标牌图层相同，效果如图3-2-35所示。

新建图层，命名为"反光"
（图3-2-36）。使用［画笔工具］，绘
制金属的反光效果（图3-2-37）。

为便于管理，将标牌相关的图
层都编为一个组，命名为"标牌"
（图3-2-38）。

新建一个图层，命名为"挂件"
（图3-2-39）。在线稿图层上用［魔棒
工具］选择挂件，在挂件图层上使用
［油漆桶工具］填充挂件为"灰黄色"，
色彩与标牌的颜色相同（图3-2-40）。

使用［魔棒工具］分别选择挂件的各部分，并用［画笔工具］绘制出立体效果（图3-2-41）。

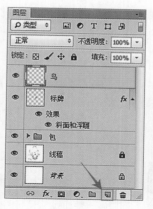

图3-2-34

图3-2-35

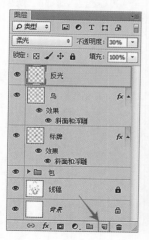

图3-2-36

图3-2-37

图3-2-38

图3-2-39

图3-2-40

图3-2-41

挂件绘制完成后的效果如图3-2-42所示。

新建一个图层，命名为"白色底"（图3-2-43）。使用［魔棒工具］在线稿图层选择宝石，使用［油漆桶工具］在白色底图层填充"白色"（图3-2-44）。

图3-2-42　　　　　　　　　图3-2-43　　　　　　　　　图3-2-44

新建一个图层，命名为"红宝石"（图3-2-45）。使用［画笔工具］绘制宝石效果，绘制方法参考上一节（图3-2-46）。分别新建图层绘制绿色宝石（图3-2-47）、蓝色宝石（图3-2-48）、黄色宝石（图3-2-49）。

将所有宝石图层合并，并为宝石图层添加图层样式。

点击［斜面和浮雕］按钮，将样式设为"浮雕效果"，方法为"平滑"，深度设为"200%"，大小为"5像素"（图3-2-50）。

新建图层，命名为"高光"，使用［画笔工具］绘制宝石的高光部分，得到的效果如图3-2-51所示。

图3-2-45

图3-2-46　　　　　　图3-2-47　　　　　　图3-2-48　　　　　　图3-2-49

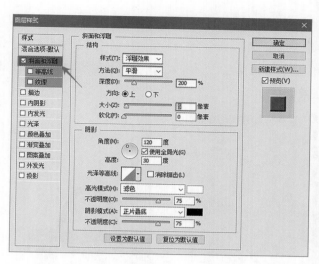

图3-2-50

图3-2-51

将宝石所有的图层合为一个组，命名为"宝石"（图3-2-52）。

使用［魔棒工具］，配合［Shift］键（增加选区）和［Alt］键（减少选区），在线稿图层选择线迹，点击组合键［Ctrl+C］（复制），再点击组合键［Ctrl+V］（粘贴），复制出一个图层，命名为"线迹"。线迹如图3-2-53所示，为便于读者观察线迹，图片显示为灰白色。

为线迹图层添加图层样式，点击［斜面和浮雕］按钮，将样式设为"浮雕效果"，方法为"平滑"，深度为"100%"，方向为"下"（图3-2-54），设置后就可以看到线迹产生了立体感（图3-2-55）。

打开包的图层组，将受光图层移动到布面上方。

拖动基本色图层到［新建图层］按钮，复制出一个图层，命名为"影子"。在图像菜单中执行［调整/曲线］命

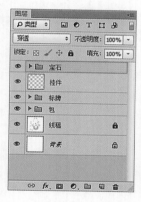

图3-2-52

图3-2-53

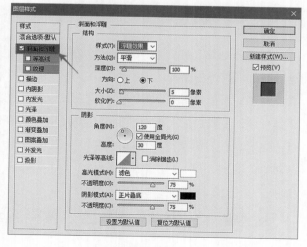

图3-2-54

令，打开［曲线］面板，将曲线最右端拉到最下，图像变成了黑色（图3-2-56）。

点击组合键［Ctrl+T］（自由变换），调整影子形状，点击［Enter］键确定。执行效果菜单中的［模糊/高斯模糊］命令，模糊半径设为"50像素"，再用画笔稍微加深包底部的影子，就得到如图3-2-57所示的最终效果。

图3-2-55　　　　　　　　　　图3-2-56　　　　　　　　　　图3-2-57

第三节
绘制运动鞋

打开CorelDRAW软件，绘制运动鞋的轮廓图。如果对鞋子结构不了解，可以导入一幅运动鞋的图片作为参考。

为了便于描绘对象，导入运动鞋图片以后，在图片上绘制一个白色的矩形，使用［透明工具］，在属性栏上点选"标准透明度"，并调整不透明度的参数（图3-3-1），然后右键点击矩形，在右键菜单中选择"锁定"。这样操作是为了描线时便于观察，并且不会移动描摹对象（图3-3-2）。

图3-3-1

　　使用［贝塞尔工具］绘制鞋子的轮廓（图3-3-3），所有部分都应该是封闭的曲线。右键点击矩形解锁，然后将矩形和运动鞋图片都删除。

图3-3-2

图3-3-3

　　填充完白色后效果如图3-3-4所示，再依据设计需要填充色彩（图3-3-5）。

图3-3-4

图3-3-5

　　点击文件菜单中的［导出］按钮，选择导出文件格式为"EPS格式"，文件名为"鞋"，点击［确定］按钮。在［EPS导出］面板上点击［确定］（图3-3-6）。

　　打开Photoshop软件，新建一个宽度为"25cm"，高度为"20cm"，分辨率为"300dpi"的空白文件。在文件菜单中点击［置入］按钮，选择"鞋.eps"置入。按住［Shift］键调整置入文件的大小，然后双击画面，并在［图层］面板上右键点击鞋的图层，在右键菜单中点击"栅格化图层"。

　　如图3-3-7所示，在［图层］面板新建一个组，命名为"白色"，然后在这个组里新建三个图层，分别命名为"白色""阴影""后跟凸起"。

　　配合［Shift］键，使用［魔棒工具］在鞋图层选择鞋底的白色部分，并扩展"1个像素"。使用［油漆桶工具］在白色图层上填充"白色"。为

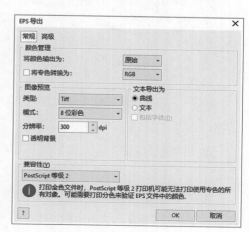

图3-3-6

白色图层添加图层样式，在［图层样式］面板上，点击［斜面和浮雕］按钮，将样式设为"浮雕效果"，方法为"平滑"，深度设为"50%"，大小为"5像素"（图3-3-8）。

图3-3-7

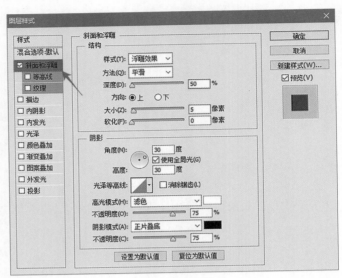

图3-3-8

在阴影图层使用［画笔工具］绘制浅灰色阴影，画出立体效果（图3-3-9）。

使用［画笔工具］在后跟凸起图层绘制后跟上的凸出物（图3-3-10）。

图3-3-9

图3-3-10

新建一个组，命名为"橘色"，在这个组里新建两个空白图层，分别命名为"橘色"和"阴影"（图3-3-11）。

为橘色图层添加图层样式。在［图层样式］面板上，点击［斜面和浮雕］按钮，将样式设为"浮雕效果"，方法为"平滑"，深度设为20%，大小为4像素（图3-3-12）。

配合［Shift］键，使用［魔棒工具］在鞋图层选择鞋底的白色部分，并扩展"1个像素"。使用［油漆桶工具］在橘色图层填充"橘黄色"（图3-3-13）。

在阴影图层使用［画笔工具］绘制橘色深浅变化（图3-3-14）。

图 3-3-11

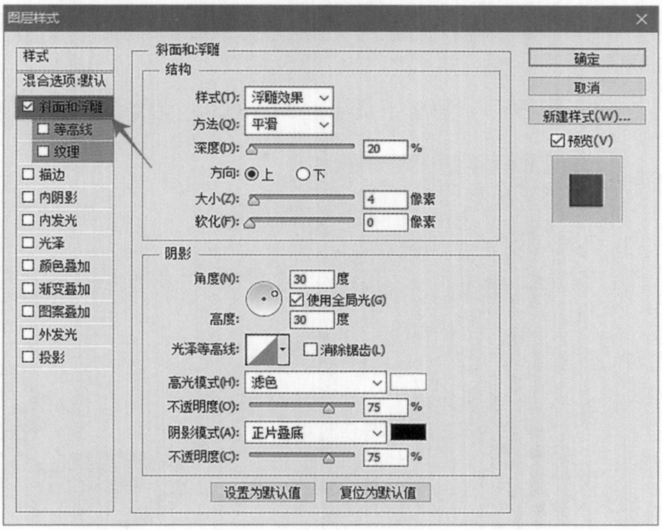

图 3-3-12

图 3-3-13

图 3-3-14

　　用同样的方法，建立名为"深绿"的组，包含深绿与阴影两个图层。深绿图层填充相应"深绿色"，并添加图层样式，图层样式参数与橘色相同。按住 [Shift] 键和 [Alt] 键的同时拖动橘色图层右侧的fx标记到深绿图层释放，即将橘色图层的图层样式复制到了深绿图层（图3-3-15）。

　　在阴影图层用 [画笔工具] 绘制深绿部分的深浅变化（图3-3-16）。

图 3-3-15

图 3-3-16

　　建立名为"中绿"的组，含有中绿与阴影两个图层。中绿图层填充相应的"绿色"，并添加图层样式，图层样式参数与橘色相同（图3-3-17）。

　　在阴影图层用［画笔工具］绘制中绿部分的深浅变化（图3-3-18）。

图3-3-17　　　　　　　　　　　　　　图3-3-18

　　建立名为"黄色"的组，含有黄色与阴影两个图层。绘制黄色鞋带，在黄色图层填充相应的"黄色"，并添加图层样式，图层样式参数与橘色相同（图3-3-19）。

　　在阴影图层用［画笔工具］绘制黄色鞋带的深浅变化（图3-3-20）。

图3-3-19　　　　　　　　　　　　　　图3-3-20

　　建立名为"黄绿"的组，含有黄绿与阴影两个图层。黄绿图层填充相应的"黄绿色"，并添加图层样式，图层样式参数与橘色相同（图3-3-21）。

　　在阴影图层用［画笔工具］绘制黄绿部分的深浅变化（图3-3-22）。

　　接着绘制鞋面上的网面效果。打开图片"网面.jpg"，在编辑菜单中点击"定义图案"，在图案名称面板上点击［确定］按钮（图3-3-23）。

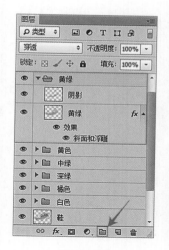

图3-3-21

图3-3-22

图3-3-23

关闭网面图片，回到运动鞋的画面，使用［油漆桶工具］ 🔥，在选项栏上选择"图案"，在图案库里点击刚刚定义的网面图案（图3-3-24）。

新建一个图层，命名为"网面"，使用［油漆桶工具］将画面填充图案。点击组合键［Ctrl+T］，调整网面大小使其适合画面所需，然后点击［Enter］键（图3-3-25）。

使用［魔棒工具］配合［Shift］键，在鞋图层选择有网面的部分（图3-3-26）。点击组合键［Ctrl+Shift+I］反向选择。在网面图层点击［Del］键，删除不需要的网面部分（图3-3-27）。网面图层的混合方式设为"正片叠底"，不透明度设为"40%"。

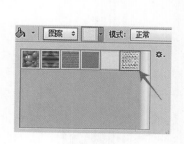

图3-3-24

图3-3-25

图3-3-26

图3-3-27

新建图层，命名为"阴影"。将阴影图层和网面图层合为一个组，命名为"布面"（图3-3-28）。

使用［画笔工具］，在阴影图层绘制网面的明暗效果（图3-3-29）。

新建一个图层，命名为"阴影"（图3-3-30）。使用［画笔工具］绘制阴影部分，执行滤镜菜单中的［模糊/高斯模糊］命令来调整阴影模糊程度，并调整不透明度至合理效果（图3-3-31）。

图3-3-28

图3-3-29

图3-3-30

图3-3-31

第四章

T 恤设计

知识点

简单设计项目的制作流程；CorelDRAW绘制款式图；T恤纹样设计；图像输出。

绘制 T 恤款式图

此案例是为学生合唱队设计的一款T恤。

启动CorelDRAW软件，新建空白文档，将该文件保存为"CDR格式"文档。绘制过程中可以随时点击组合键［Ctrl+S］保存绘图。

在查看菜单（X8版本为视图菜单）中，确定［页/页边框］为非勾选状态，使得页边框不可见。

在属性栏上，将单位设为"厘米"（图4-1-1）。

使用［矩形工具］，在工作区绘制一个宽"26cm"，高"73cm"的大矩形，这个矩形是T恤前衣片的半侧框架。

再绘制一个宽"4cm"，高"26cm"的小矩形。

在查看菜单的贴齐中确认对象已被勾选，可以点击组合

图4-1-1

键［Alt+Z］打开（或者关闭）贴齐对象功能。

使用［选择工具］▶，按住小矩形的左上角，并移动到大矩形的左上角。贴齐对象功能打开时，可以使两个点准确重合（图4-1-2）。

选择这两个矩形，然后在属性栏上点击［后减前］按钮🖵，完成减法运算（图4-1-3）。

使用［形状工具］↖，右键点击图4-1-3所标的红色线段上，选择右键菜单中的"到曲线"。双击红色线段下端点，将这个点删除，得到如图4-1-4所示的图形。

绘制一个宽"5.5cm"，高"9cm"的矩形，并移动对齐到先前所绘图形的右上角（图4-1-5）。

选中两个对象，并做后减前的运算（图4-1-6）。

使用［形状工具］，鼠标右键点击图4-1-6所示的红色线段，在右键菜单中选择"到曲线"。

左键双击图4-1-6所示红色线段的下端点，将该点删除（图4-1-7）。

使用［选择工具］点击画面空白位置（不选择任何对象），然后在属性栏上设置微调距离的量为"3cm"（图4-1-8）。

使用［形状工具］，点击左上方的肩点，然后点击键盘上方向键的向下键一次，该点即向下移动了3cm，完成了肩部斜度的设置（图4-1-9）。微调距离选项需配合键盘上的方向键使用，每按一次方向键，物件会按所设置的距离移动。这个功能可以方便准确地移动物件。

用［形状工具］调整曲线成如图4-1-10所示的形状，左侧红色弧线为袖窿线，右侧弧线为领口弧线。

按住鼠标左键水平拖动衣片，并按下鼠标右键，看到鼠标箭头右下出现一个"+"时松开鼠标的左右键，就复制了一个衣片。第二个衣片将作为T恤的背面衣片使用。

将第二个衣片领口弧线的下端点，

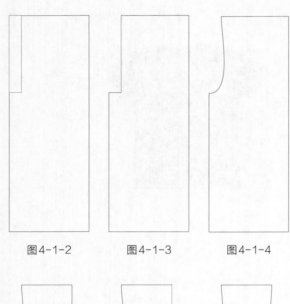

图4-1-2　　　图4-1-3　　　图4-1-4

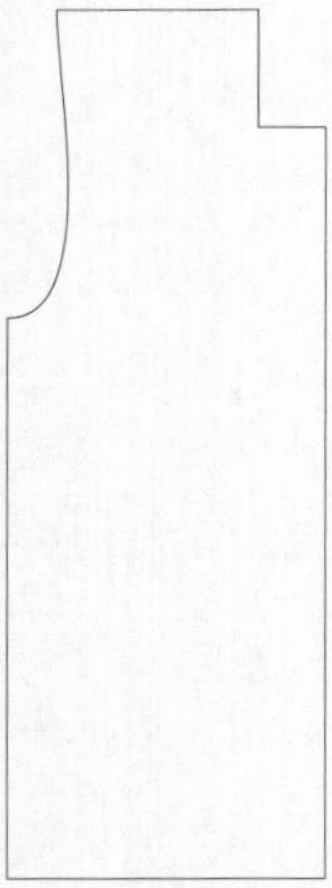

图4-1-5　　　图4-1-6　　　图4-1-7

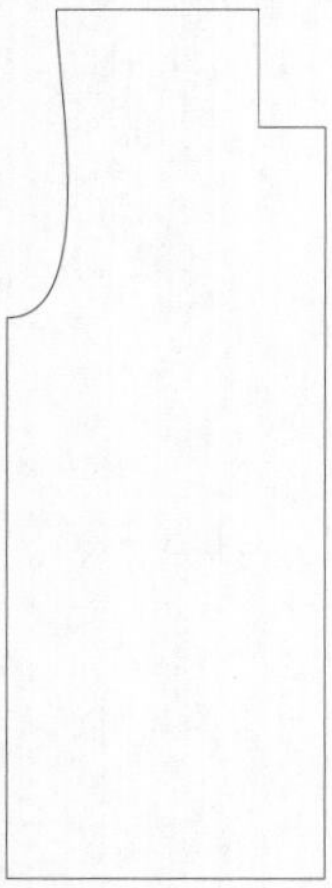

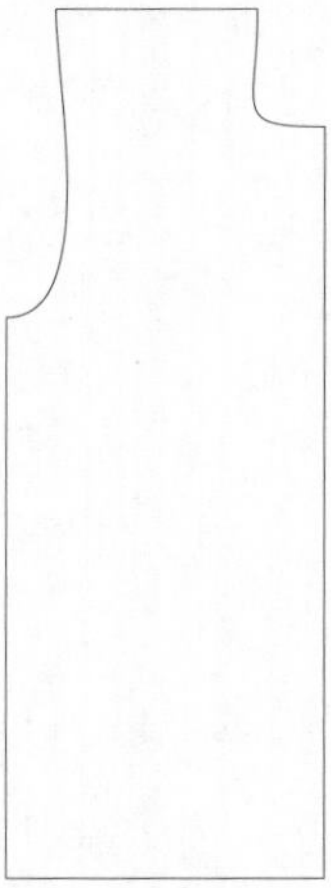

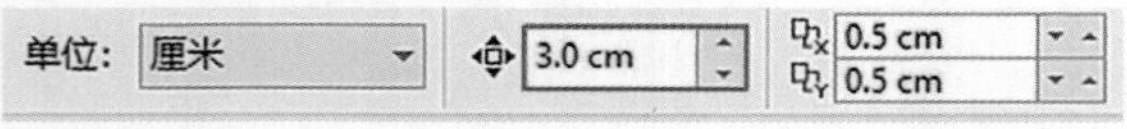

| 单位：| 厘米 ▾ | ✛ 3.0 cm | ⬚x 0.5 cm |
| | | | ⬚y 0.5 cm |

图4-1-8

提高约8cm，并调整后领口曲线如图4-1-11所示的形状。

　　接下来绘制袖子。在工具栏上点击［手绘工具］，按住［Ctrl］键，画一条长度为"21cm"的水平横线。

　　使用［选择工具］，拖动横线最右边的点到衣片的肩点上（图4-1-12）。

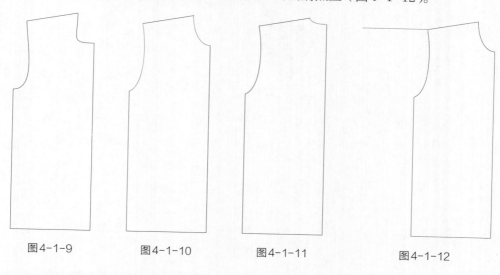

图4-1-9　　　　　　　图4-1-10 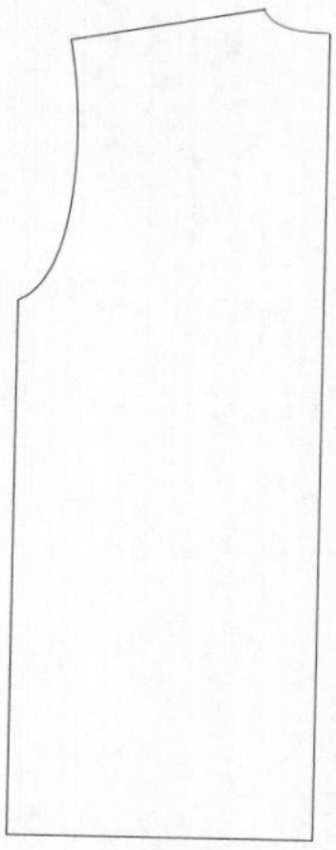　　　　　　　图4-1-11　　　　　　　图4-1-12

　　鼠标左键再点击一次该直线，会出现旋转控制柄和中心轴点。左键拖动中心轴点到肩点位置。在属性栏上设置旋转角度为"30°"后点击［Enter］键（图4-1-13），就得到如图4-1-14所示的效果。

图4-1-13

　　鼠标左键按住该直线的右端点，拖动至袖窿下端点，同时点击鼠标右键，然后松开鼠标左右键，复制一条直线（图4-1-15）。

　　用［手绘工具］绘制从第一条直线左端点到第二条直线的垂直线。贴齐对象功能打开的时候，绘制线段可以自动找到垂直位置（图4-1-16）。需要注意，绘制的这三条直线和衣片所围图形必须封闭，也就是点与点是重合的。

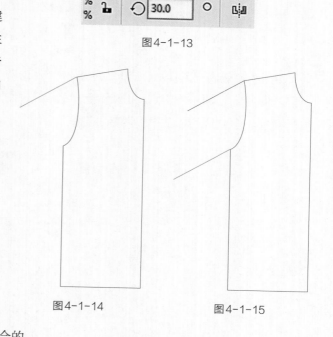

图4-1-14　　　　　　　　　图4-1-15

　　选择工具栏上的［智能填充工具］。在袖子内点一下，即填充出一个封闭形。删除为绘制这个封闭形而作的三条辅助线（图4-1-17）。然后将袖子颜色去掉。［智能填充工具］

可以在一个被多条线包围的区域中，自动依据边界绘制出一个可以填充颜色的封闭图形。

使用［形状工具］，按住［Shift］键，选择领口曲线的两个点，点击组合键［Ctrl+C］复制曲线，再点击组合键［Ctrl+V］粘贴曲线（图4-1-18）。

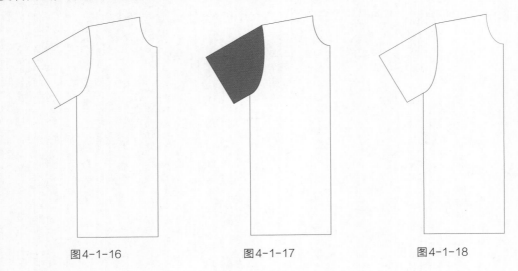

图4-1-16　　　　　　　　　　图4-1-17　　　　　　　　　　图4-1-18

图4-1-19

使用工具栏上的［轮廓图工具］▣，左键拖动刚才复制的曲线，在属性栏上将轮廓宽度设为"2cm"（图4-1-19），得到如图4-1-20所示的效果。

使用［智能填充工具］，在如图4-1-21所示的两个封闭形重叠的位置左键单击，填充出一个色块，绘出半边罗纹领，将刚所绘的2cm轮廓删除。用同样的方法绘制出后片的半边罗纹领（图4-1-22），然后去除罗纹领的颜色。

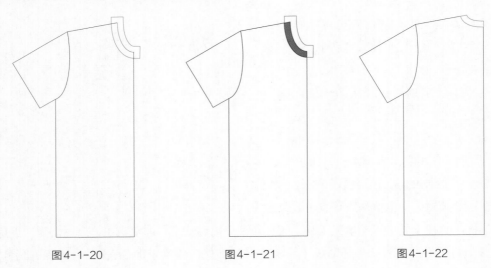

图4-1-20　　　　　　　　　　图4-1-21　　　　　　　　　　图4-1-22

使用［选择工具］，左键框选全部前衣片。打开［变换］面板，点击［缩放和镜像］按钮，选择右侧控制点，点击［水平镜像］按钮，副本设为"1"（图4-1-23），点击［应用］按钮，得到如图4-1-24所示的效果。

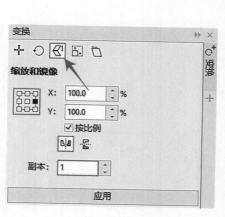

图4-1-23

图4-1-24

用同样的方法复制出后衣片的右半侧（图4-1-25）。

按住［Shift］键，左键分别单击前片左、右衣片（不含袖子和领口），选中这两个衣片。单击属性栏上的［合并］按钮 🖰，做布尔运算的加法运算，把两个图形合并到一起。然后用同样的方法选中左右领口，也做合并（图4-1-26）。

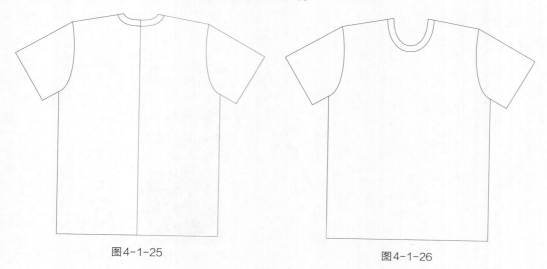

图4-1-25

图4-1-26

用同样的方法将后片合并，将后领口合并（图4-1-27）。

使用［选择工具］，选择后衣片（包含领口），左键按住后片肩点，将后片移动放置到前片肩点，使前后片重合，点击组合键［Shift+PgDn］，将后片移至底层（图4-1-28）。

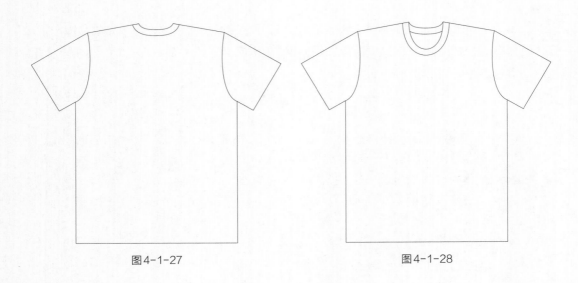

图4-1-27   图4-1-28

物件的上下排序，在右键菜单的顺序中设置。快捷方式是点击组合键［Ctrl+PgUp（PgDn）］，每按一次调整至上（或下）一层；点击组合键［Shift+PgUp（PgDn）］，每按一次调整至最上（或最下）一层。

使用［形状工具］，选择袖口的两个点，分别点击组合键［Crtl+C］和［Ctrl+V］，复制袖口的直线，用［轮廓工具］绘制出一个"2cm"宽的轮廓，用［智能填充工具］填充出罗纹袖口，然后删除"2cm"宽的轮廓。用同样的方法作出右侧罗纹袖口（图4-1-29）。

选择对象菜单下的［对象属性］（或者按组合键［Alt+Enter］），打开［对象属性］面板，修改线宽和颜色（图4-1-30）。使用［形状工具］微调一下领口曲线和腰部曲线，使其美观一些。

图4-1-29   图4-1-30

用［选择工具］框选全部对象，将轮廓设为"1pt"。选择衣片，点击［属性］面板上的［填充］按钮，填充"90%黑的深灰色"。选中领口袖口，填充"70%黑的深灰色"（图4-1-31）。选择前片所有对象，点击组合键［Ctrl+G］群组对象，然后将后片所有对象分别填色，并将后片所有对象群组（图4-1-32）。

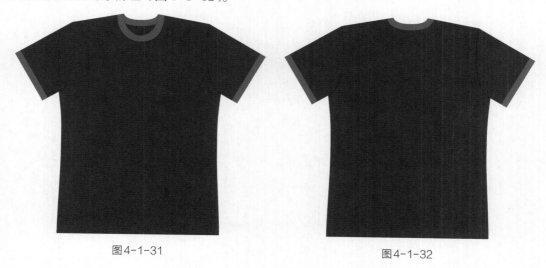

图4-1-31　　　　　　　　　　　　　　　　　　图4-1-32

第二节
绘制印花图形

在对象菜单下点击［对象］按钮，打开［对象管理器］面板。锁定图层1，新建图层2（图4-2-1）。

在图层2上绘制T恤上的图案部分。

先绘制一个宽"4.5cm"、高"5.5cm"的椭圆，再绘制一个高和宽都为"1.5cm"的正方形，最后绘制一个高和宽都为"5.5cm"的正方形，将绘制的三个物件放置为如图4-2-2所示的样子，不需要非常准确，物件之间有少量叠加部分。

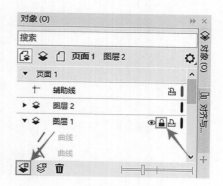

图4-2-1

使用［选择工具］选择这三个物件，在属性栏上左键单击［对齐与分布］按钮 ，打开［对齐与分布］面板，在［对齐与分布］面板上点击［水平居中对齐］按钮，将三个物件纵向居中对齐（图4-2-3），然后单击属性栏上的［加法合并］按钮 ，将轮廓改为"2pt"（图4-2-4）。

用［椭圆形工具］绘制一个直径为"0.5cm"的圆，并填充"黑色"。将直径为0.5cm的

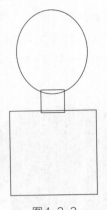

图4-2-2

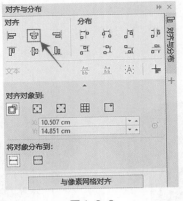

图4-2-3

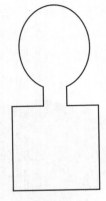

图4-2-4

圆复制一个，放置在如图4-2-5所示的位置，可以使用
[对齐工具]使这两个圆水平对齐。最后选择这两个圆，
将其群组。

绘制一个宽"1cm"，高"1.8cm"的椭圆，线宽改
为"2pt"，放置到如图4-2-6所示的位置。选择所有物
件，点击[对齐与分布]面板上的[水平居中对齐]按
钮，即做好了一个图案单元。

打开[变换]面板，在[变换/位置]里，将X设
为"6cm"，Y设为"0cm"，副本设为"4"（图4-2-7）。
单击[应用]按钮，即复制了4个图案单元，将每个图
案单元填充不同的颜色（图4-2-8）。

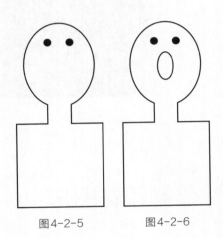

图4-2-5　　　　图4-2-6

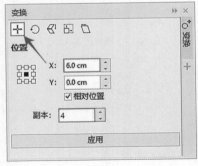

图4-2-7

图4-2-8

复制一个单元，移动到如图4-2-9所示的位置。如需准确地对齐，可以先将每个单元里
的物件群组，再点击[对齐与分布]面板上的[水平居中对齐]按钮。

使用[形状工具]，在线段上双击增加点（或双击删除点），编辑成如图4-2-10所示的
效果。

图4-2-9　　　　　　　　　　　　　图4-2-10

使用［形状工具］，右键将图4-2-11所示线段转换为曲线，并编辑造型，即做好了一个单元图案（图4-2-11）。

选择做好的单元图案，复制3个副本（图4-2-12）。

图4-2-11　　　　　　　　　　　　图4-2-12

继续复制第三层的单元，效果如图4-2-13所示。

将线框和嘴部线条的宽度改为"6pt"。将每个单元填充不同的色彩，右键点击色盘中的白色，将线框设为"白色"（图4-2-14）。全选所有图案对象，点击组合键［Ctrl+G］，群组所有单元。

将做好的图案移动到T恤的正面图上，水平居中对齐（图4-2-15）。

接着制作T恤背面图案。

点击快捷键［F8］，使用［文本工具］输入文字"NTU CHOIR"，用［选择工具］在属性栏选择字体为"Cooper"，输入字号为"160pt"。

右键点击输入的文字，在右键菜单里左键单击"转换为曲线"，将美术字转换成曲线属性。在属性栏上把字的边框改为"6pt"，左键单击色盘上的"无色"，右键点击色盘上的"白色"。

图4-2-13

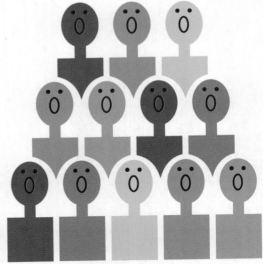

图4-2-14

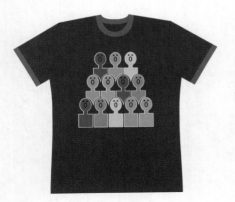

图4-2-15

使用［形状工具］框选"O"，按［Delete］键，删除"O"。

使用［椭圆工具］，在刚刚删除"O"的位置，配合［Ctrl］键画一个正圆，并将边框设为"6pt"的白色，调整圆的大小和文字大小一致（图4-2-16）。

在文本菜单下选择"字形"（X8版本为插入字符），打开［字形］面板，勾选"符号"，找到心形符号，鼠标左键按住心形符号并拖入画面。调整心形大小，填充"红色"（图4-2-17）。使用插入字符功能，将一些常用的图形符号直接从符号库中拖到画面中，再进行编辑修改和填色，可以节省绘制的时间。

图4-2-16

图4-2-17

文档存储和输出

上节所绘是1∶1的T恤款式图，在文件菜单下点击［保存］按钮，或者点击组合键［Ctrl+S］将文档保存为"CDR格式"的文档（CDR是CorelDRAW的默认文件格式）。

需要其他尺寸的位图，可重新设置图形尺寸。此节以导出A4尺寸的JPG格式图片为例。

在文件菜单下点击［另存为］按钮，将该文件另存一个副本，为文件命名后保存。设计过程中应保留一份1∶1的原始图稿，以备以后查询和修改。

执行查看菜单中［页/页边框］命令（X8版本在视图菜单中）。

在不选择任何物件的状态下，在属性栏上选择［纸张横向］按钮 ▭，将A4纸横向摆放。选择所有对象，拖动四角的控制柄将T恤缩小到A4范围内，然后依次修改图形轮廓宽度。

双击［矩形工具］按钮，在纸边框上绘制出一个A4大小的矩形。右键单击色盘上的"无色"，取消矩形边框颜色。

点击文件菜单中的［导出］按钮或者点击组合键［Ctrl+E］，导出位图。

在［导出］面板上选择需要导出的图形格式，这里选"JPG位图"格式，并为文件命名，然后点击［导出］按钮（图4-3-1）。

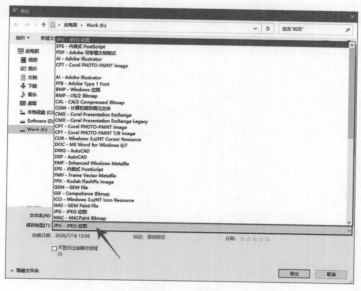

图4-3-1

根据需要在［导出到JPEG］面板上设置JPG位图的参数。设置颜色模式为"RGB"，质量为"100%"，分辨率为"300dpi"，然后点击［OK］按钮（图4-3-2），就导出了JPG格式的文档。

图4-3-2

CorelDRAW 软件只能向前兼容文件，也就是说旧版CorelDRAW无法读取新版文件。所以在保存为CDR格式的时候，要选择客户可以读取的版本保存（图4-3-3）。

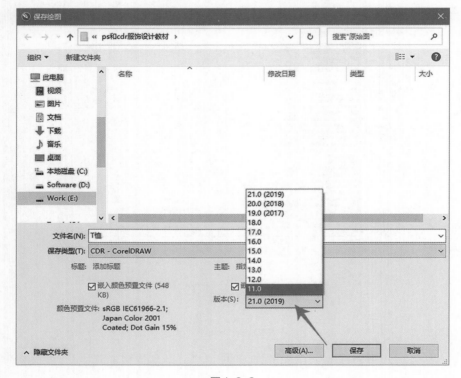

图4-3-3

如果直接打印到纸张，所有需要打印的图形必须出现在页边框的范围内，页边框以外的图形是无法打印出来的。

导出位图则不是以页边框为范围的，默认状态下是以绘图区域中最外围的图形作为边界导出。导出位图时也可以选择部分图形作为导出对象（图4-3-4）。

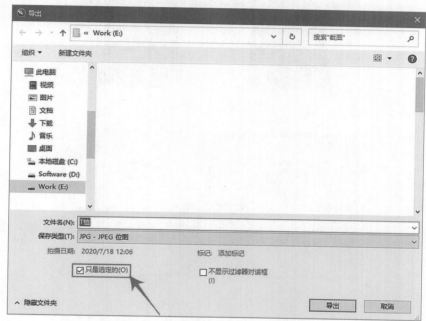

图4-3-4

导出位图如图4-3-5所示。

图4-3-5

其他示范作品如图4-3-6~图4-3-9所示。

图4-3-6

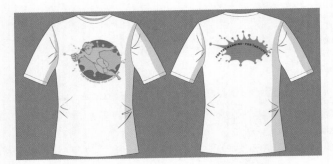

图4-3-7

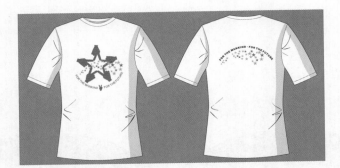

图4-3-8

图4-3-9

第五章

女式内衣设计

知识点

PS水彩画笔定制；绘制花卉；钢笔工具和路径。

第一节
绘制轮廓

启动CorelDRAW软件，新建文档，使用默认设置。

使用［贝塞尔工具］绘制人物的大致轮廓。使用［形状工具］，双击增加锚点（或减少锚点），并移动锚点，修改人物的造型成如图5-1-1所示的形状。

在贴齐对象功能打开的状态下，使用［贝塞尔工具］绘制胸衣和内裤轮廓，使用［形状工具］调整造型（图5-1-2）。

使用［贝塞尔工具］或者［手绘工具］绘制眼睛、发际线和大拇指轮廓，使用［形状工具］调整造型（图5-1-3）。

将人物填充为"白色"，胸衣、内裤等填充为"灰色"，清除边框颜色（图5-1-4）。胸衣和内裤可以用［智能填充工具］填色。为便于读者观察，图中将底色设为了深灰色。

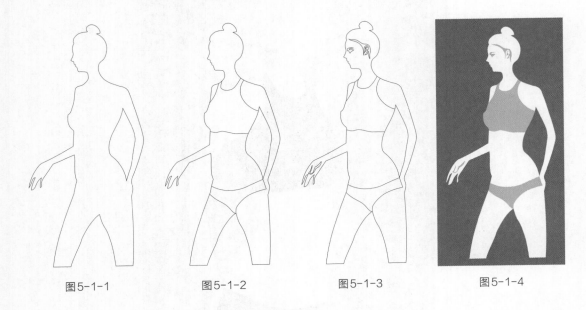

| 图5-1-1 | 图5-1-2 | 图5-1-3 | 图5-1-4 |

在文件菜单下导出该文件为"EPS格式"，文件名为"人形"。

新建一个空白文档，使用［贝塞尔工具］或者［手绘工具］绘制花卉轮廓，使用［形状工具］调整造型（图5-1-5）。

为花卉轮廓填充不同的颜色，并清除边框色（图5-1-6）。

在文件菜单下导出该文件为"EPS格式"，文件名为"花形"。

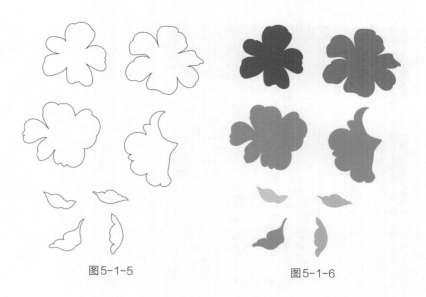

图5-1-5 图5-1-6

绘制花卉背景

启动 Photoshop 软件，新建一个宽度为"20厘米"，高度为"35厘米"，分辨率为"300像素/英寸"的空白文档（图5-2-1）。

打开文件菜单置入文件"花形.eps"。双击画面，在［图层］面板上右键点击花形图层，在右键菜单中点击"栅格化图层"（图5-2-2）。

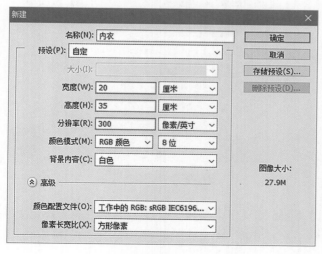

图5-2-1

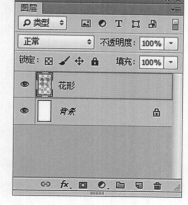

图5-2-2

图5-2-3

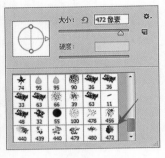

图5-2-4　　　　　　　　　　图5-2-5

打开本书所附水彩笔的位图，点击编辑菜单中的［定义画笔预设］按钮，在［画笔名称］面板上点击［确定］按钮，就自定义了一个水彩画笔。用同样方法将所附的水彩笔样式都定义一下（图5-2-3）。

新建一个图层，命名为"水彩1"（图5-2-4）。使用［魔棒工具］，在花形图层上点选红色的花。在选择菜单中点击［变换选区］按钮，改变选区的位置和大小，也可以镜像选区。

使用［画笔工具］，在选项栏上点选所定义的一支水彩画笔（图5-2-5）。在水彩1图层，使用不同的粉红色调绘制出花卉轮廓。画完一朵花以后，调整和移动选区，再绘制另外一朵花（图5-2-6）。

用［魔棒工具］在花形图层上点选粉红色的造型。移动和调整选区后，使用水彩笔在水彩1图层上绘制花瓣（图5-2-7）。在画的过程中，可以反向选择（组合键为［Ctrl+Shift+I］），并更换不同水彩画笔，灵活绘制深浅不同的色彩。

新建一个选区，命名为"水彩2"（图5-2-8）。使用［魔棒工具］，在花形图层上选择橙色花形，调整和移动选区。选择一个水彩画笔，在水彩2图层上绘制花形（图5-2-9）。

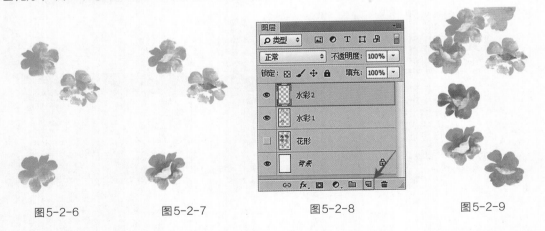

图5-2-6　　　　　　图5-2-7　　　　　　　　图5-2-8　　　　　　　　图5-2-9

新建一个选区，命名为"水彩3"（图5-2-10）。使用［魔棒工具］，在花形图层上选择青色花形，调整和移动选区。选择一个水彩画笔，在水彩3图层绘制花形。如图5-2-11所示是单个水彩3图层的效果，图5-2-12是三个水彩图层都显示的效果。

绘制过程中可以随时调整图层上下层的关系，如将水彩3图层移动到水彩1图层下面，观察画面效果（图5-2-13）。

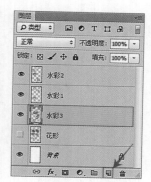

图5-2-10　　　　　　　图5-2-11　　　　　　图5-2-12　　　　　　　　图5-2-13

新建一个选区，命名为"水彩4"（图5-2-14）。使用［魔棒工具］，在花形图层上选择绿色花形，调整和移动选区。选择一个水彩画笔，在水彩4图层上绘制花形。如图5-2-15所示是水彩4图层上更换不同水彩画笔绘制的效果，图5-2-16是所有水彩图层都可见时所显示的效果。

新建一个选区，命名为"渐变"（图5-2-17）。使用［渐变工具］，在渐变图层上绘制一个灰蓝色到透明的线性渐变（图5-2-18）。

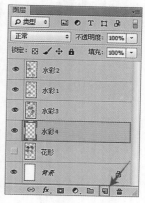

图5-2-14

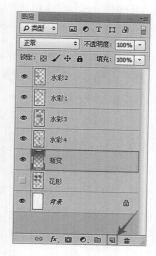

图5-2-15　　　　　　　图5-2-16　　　　　　图5-2-17

新建一个选区，命名为"水彩5"（图5-2-19）。使用带有喷溅效果的水彩画笔，随机在水彩5图层上绘制一些浅色点（图5-2-20）。

为了便于管理，将所有的水彩图层合为一个组，命名为"水彩"（图5-2-21）。

画面背景暂时绘制完毕，在和主体合成以后还要继续调整，以达到所需的最终效果。

图5-2-18　　　　　　图5-2-19

图5-2-20

图5-2-21

第三节
绘制模特与图片合成

打开文件菜单置入文件"人形.eps"。配合［Shift］键保持画面比例，调整图像大小，双击画面。在［图层］面板上右键点击人形图层，在右键菜单中点击"栅格化图层"（图5-3-1），得到的画面效果如图5-3-2所示。

新建一个选区，命名为"胸衣"（图5-3-3）。使用［钢笔工具］ 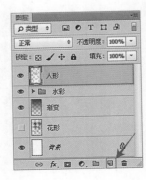，绘制如图5-3-4所示的路径。一条路径画完，可以按键盘左上角的［Esc］键，然后点击一下［路径］面板上的［工作路径］按钮（图5-3-5），就可以继续绘制下一条路径。Photoshop的［钢笔工具］的使用方法类似CorelDRAW中的

图5-3-1

图5-3-2

［贝塞尔工具］。

　　曲线画完以后用［直接选择工具］ 调整锚点位置以及曲线曲度。使用［添加锚点工具］在曲线上增加锚点，或者使用［删除锚点工具］减少锚点，用［转换点工具］可以使锚点位置在曲线和折线之间转换（图5-3-6）。

图5-3-3

图5-3-4

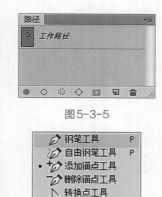

图5-3-5

图5-3-6

　　使用［画笔工具］，在选项栏上选择"硬边圆画笔"，大小设为"25像素"，将前景色■设为"黑色"（图5-3-7）。确定胸衣图层处在选择状态，确定工作路径处在选择状态，点开［路径］面板右上角的［菜单］按钮█，在菜单中选择"描边路径"（图5-3-8）。

　　在［描边路径］面板上的工具中选择"画笔"，点击［确定］按钮（图5-3-9）。

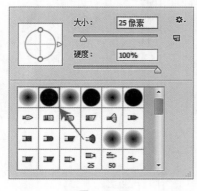

图5-3-7

图5-3-8

图5-3-9

　　使用［橡皮工具］擦除边缘多余的部分（图5-3-10）。绘制如图5-3-11所示的路径。

　　在［路径］面板右上角菜单中选择"填充路径"（图5-3-12），得到如图5-3-13所示的造型。

　　新建一个选区，命名为"纹样"（图5-3-14）。使用［钢笔工具］绘制如图5-3-15所示的路径。

图5-3-10

图5-3-11

图5-3-12

图5-3-13

图5-3-14

图5-3-15

使用［画笔工具］，在选项栏上选择"硬边圆画笔"，大小设为"7像素"，将前景色设为"灰色"。描边路径后得到如图5-3-16所示的效果。继续使用［画笔工具］手绘如图5-3-17所示的纹样。

使用［画笔工具］直接绘制将胸衣填充图案（图5-3-18）。

新建一个选区，命名为"灰紫"（图5-3-19）。

使用［魔棒工具］在人形图层上选择胸衣，然后使用［油漆桶工具］在灰紫图层填充"灰紫色"。将这个图层的混合模式调整为"正片叠底"，可根据需要适当调整不透明度（图5-3-20）。

将所有的胸衣相关图层合并为一个组（图5-3-21）。

图5-3-16

图5-3-17

图5-3-18

图5-3-19

图5-3-20

图5-3-21

新建一个组，命名为"内裤"，在这个组中新建两个图层，分别命名为"内裤"和"灰紫"（图5-3-22），用同样的方法绘制图案和填充灰紫色（图5-3-23、图5-3-24）。

新建一个图层，命名为"彩影"（图5-3-25）。使用［魔棒工具］，配合［Shift］键在人形图层上选择眼睛、发际线和手部灰色阴影。使用［画笔工具］，选择一个"柔边缘画笔"，画笔大小约为"100像素"（图5-3-26），用高纯度颜色在彩影图层绘制彩色交融的效果（图5-3-27）。

图5-3-22

图5-3-23

图5-3-24

图5-3-25

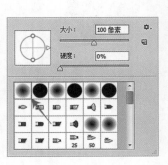

图5-3-26

图5-3-27

　　将人形图层拖动到［新建图层］按钮上松开，即复制出一个图层，将这个图层放在人形图层下方，命名为"阴影"（图5-3-28）。按下组合键［Ctrl+M］打开［曲线］面板，将曲线右侧控制点拖至底部，点击［确定］按钮，阴影图层上的人形变为黑色（图5-3-29）。

　　执行滤镜菜单下的［模糊/高斯模糊］命令，将模糊半径设为"80像素"，点击［确定］按钮（图5-3-30）。将图层不透明度调整为60%（图5-3-31），加完阴影以后，人物主体会较为突出。

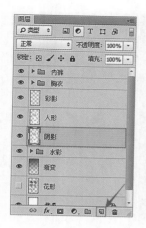

图5-3-28

图5-3-29

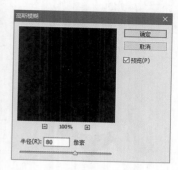

图5-3-30

将彩影、人形和阴影三个图层合为一个组，命名为"模特"（图5-3-32）。

为使画面的色彩趋于协调，需继续调整水彩图层的色彩关系。移动渐变图层至水彩1图层下方，然后修改各个图层的不透明度（图5-3-33）。背景的绘制具有偶然性和不规则性，需要从审美的角度来调整，使得画面既和谐又生动有趣（图5-3-34）。

其他示范作品，如图5-3-35、图5-3-36所示。

图5-3-31

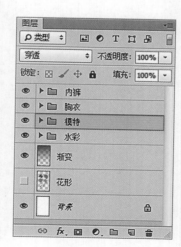

图5-3-32

图5-3-33

图 5-3-34

图 5-3-35

图 5-3-36

第六章

女式毛领夹克设计

知识点

PS绘制线稿；建立选区的技巧；着色技巧；牛仔、针织物的质感表现；CorelDRAW绘制款式图。

绘制线稿

打开Photoshop软件，新建一个宽度为"20厘米"，高度为"30厘米"，分辨率为"300像素/英寸"的空白文档，为文档命名后点击［确定］按钮并将文件保存为默认的"PSD格式"（图6-1-1）。

使用［画笔工具］，在选项栏上选择"硬边圆画笔"，笔头大小为"8像素"。点击快捷键［F5］，打开画笔设置，勾选"形状动态"选项，并将大小抖动的控制设为"钢笔压力"。

新建一个空白图层（图6-1-2），使用［画笔工具］用黑色绘制草图，配合［橡皮工具］绘制人物的大致动态（图6-1-3），将这个图层的不透明度调整为"20%"。

新建一个空白图层，以刚刚绘制的草图作为底稿，调整和绘制人物，将人物细化。此时的线条可以比较潦草（图6-1-4）。将这个图层的不透明度调整为"20%"，然后删除图层1。

新建一个空白图层，使用［画笔工具］绘制较为准确和精细的线条，用［橡皮工具］擦除不要的线条（图6-1-5）。

经过调整，将草图的图层隐藏（或删除），只留下正稿的图层（图6-1-6）。

将这个图层命名为"线描"，为避免以后绘制过程中误操作，可将线描图层锁定（图6-1-7）。

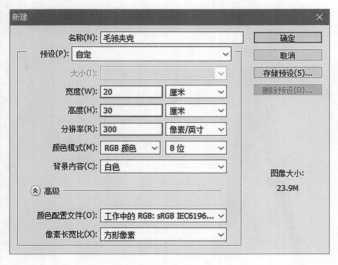

图6-1-1

图6-1-2

图6-1-3   图6-1-4   图6-1-5

图6-1-6   图6-1-7

第二节
效果图着色

接着为效果图填充颜色。新建一个图层，命名为"夹克"（图6-2-1）。使用［魔棒工具］，配合［Shift］键在线描图层选择夹克区域，在选择菜单下执行［调整/扩展］命令，将选区扩展"2个像素"。使用［油漆桶工具］在夹克图层上填充"深灰棕色"（图6-2-2）。如果线条不封闭，魔棒无法准确选择夹克区域，可以直接使用［画笔工具］在夹克区域平涂。

图6-2-1

新建一个图层，命名为"毛衫"，填充毛衫颜色（图6-2-3）。

新建一个图层，命名为"皮肤"，填充皮肤颜色（图6-2-4）。

新建一个图层，命名为"裤子"，填充裤子颜色（图6-2-5）。

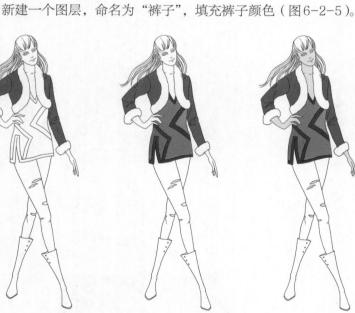

图6-2-2   图6-2-3   图6-2-4   图6-2-5

新建一个图层，命名为"靴子"，填充靴子颜色（图6-2-6）。
新建一个图层，命名为"毛皮"，填充毛皮颜色（图6-2-7）。
新建一个图层，命名为"头发"，填充头发颜色（图6-2-8）。
图层位置如图6-2-9所示，将着色的图层放在线描图层下方。

图6-2-6

图6-2-7

图6-2-8

图6-2-9

在皮肤图层上，新建一个临时图层，用来绘制皮肤阴影。先使用硬边圆画笔，在临时图层上用比皮肤颜色稍深一点的颜色绘制阴影（图6-2-10）。为防止画出皮肤的边界，按住［Ctrl］键，在［图层］面板上点击皮肤图层的缩略图，会出现皮肤区域的选区，这时再绘制就不会超出选区边界。点击组合键［Ctrl+D］，可以取消选区。

继续绘制更深一点的皮肤颜色（图6-2-11）。

接着软化阴影边界，使用"柔边圆画笔"，将画笔透明度调整为"30%"（图6-2-12）。

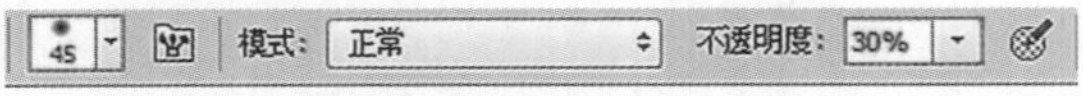

配合［Alt］键，在画面上选取颜色涂抹明暗交界位置，一边涂抹一边选择所需颜色，柔化明暗关系（图6-2-13）。

使用［画笔工具］绘制眼睛和嘴唇的颜色（图6-2-14），如果线描和上色位置不一致，可以到线描图层修改线描。

图6-2-10   图6-2-11

图6-2-12

图6-2-13　　　　　　图6-2-14　　　　　　图6-2-15

图6-2-16　　　　　　图6-2-17　　　　　　图6-2-18

绘制眼睛、嘴唇和手的细部。使用"柔边圆画笔",降低画笔不透明度,绘制皮肤上的晕红颜色。勾勒出皮肤上的高光(图6-2-15)。为方便修改,在绘制过程中可随时增加图层,绘制完成后合并绘制皮肤所建的图层,将皮肤图层锁定。

接着在头发图层上新建一个临时图层,使用"硬边圆画笔",在[画笔]面板上将[形状动态/大小抖动]的控制设为"钢笔压力",来绘制头发的大致层次关系(图6-2-16)。

依据光线关系,绘制头发的背光面和受光面(图6-2-17)。

绘制出头发的高光部分(图6-2-18),将绘制头发的图层合并,锁定头发图层。

在夹克图层上新建临时图层。按住[Ctrl]键,在[图层]面板上的夹克图层缩略图上点击一下,建立夹克的选区。使用[油漆桶工具],用"白色"填充临时图层。

在滤镜菜单的杂色中点击[添加杂色]按钮。在[添加杂色]面板上,将数量设置为"200%",勾选"高斯分布"和"单色"(图6-2-19)。

在滤镜菜单中执行[模糊/高斯模糊]命令。在[高斯模糊]面板上,将半径设置为"2像素"(图6-2-20)。

将临时图层的混合方式设置为"正片叠底"，不透明度调整为"50%"，得到的效果如图6-2-21所示。

图6-2-19　　　　　　　　　　　图6-2-20　　　　　　　　　　　图6-2-21

再建立一个临时图层，混合方式为"正片叠底"，使用［画笔工具］绘制出夹克的阴影，适当调整图层的不透明度（图6-2-22）。将绘制夹克的图层都合并，然后锁定夹克图层。

在毛衫图层上新建一个临时图层，按住［Ctrl］键，在［图层］面板上的毛衫图层缩略图上点击一下，建立毛衫的选区。使用［油漆桶工具］，用"白色"填充临时图层。

打开滤镜菜单中的滤镜库。选择纹理中的"纹理化"，纹理设置为"粗麻布"，缩放设为"80%"，凸现设为"15"，光照设为"左"，点击［确定］按钮（图6-2-23）。

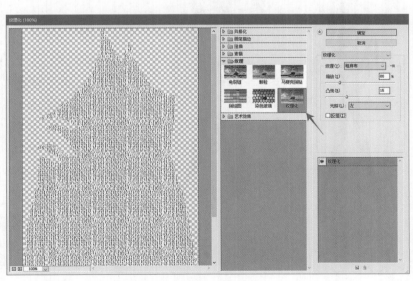

图6-2-22　　　　　　　　　　　　　图6-2-23

将临时图层的混合方式设置为"正片叠底",可适当调节不透明度。再新建一个临时图层,图层的混合方式也设置为"正片叠底",使用[画笔工具]绘制毛衫上的阴影(图6-2-24)。将临时图层与毛衫图层合并,锁定毛衫图层。

打开斜纹布肌理的位图,然后执行[编辑菜单/定义图案]命令,在[图案名称]面板上点击[确定]按钮。

在裤子图层上新建一个临时图层,使用[油漆桶工具],在选项栏上选择"填充内容为图案",在图案中选择刚刚定义的图案。

按住[Ctrl]键,在[图层]面板上的裤子图层缩略图上点击一下,建立裤子的选区。使用[油漆桶工具],将图案填充在临时图层,图层的混合方式设置为"正片叠底"(图6-2-25)。

图6-2-24　　　　　　　　图6-2-25

图6-2-26

使用[橡皮工具],在选项栏上,选择橡皮为"柔边圆",不透明度为"16%"(图6-2-26)。将刚绘制的肌理擦出一些深浅变化,显得自然一些(图6-2-27)。

新建一个临时图层,图层的混合方式设置为"正片叠底"。使用[画笔工具]绘制裤子的阴影(图6-2-28)。将绘制裤子的图层都合并,然后锁定裤子图层。

接着用同样的方式,使用[画笔工具],绘制靴子的明暗关系(图6-2-29),然后绘制靴子的高光(图6-2-30)。将绘制靴子的图层都合并,最后锁定靴子图层。

在背景上新建一个图层,命名为"阴影",并将毛皮图层移动到最顶层(图6-2-31)。使用[画笔工具],选择"柔边圆笔头",在

图6-2-27　　　　　　　　图6-2-28

阴影图层毛皮的四周绘制一些暗色。因为毛皮是浅色的,所以需要背景衬托一下(图6-2-32)。

在毛皮图层上新建一个临时图层,使用本书第二章第一节中的毛皮绘制方法,绘制暖浅

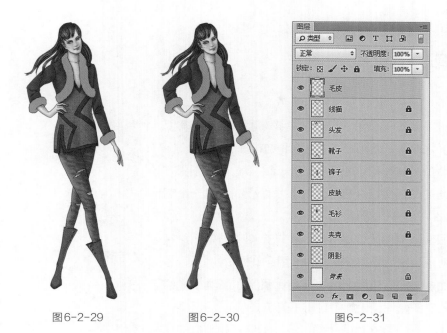

图6-2-29　　　　　　　图6-2-30　　　　　　　　　　图6-2-31

灰色的毛质效果（图6-2-33）。

　　继续用自定义的毛皮画笔，用"白色"绘制毛皮的受光面，用［橡皮工具］擦除多余的笔触（图6-2-34）。

　　使用［橡皮工具］擦除毛皮图层上被头发遮住的部分，擦除部分阴影。使用［画笔工具］绘制地面阴影。配合"高斯模糊"滤镜处理阴影，使其变得柔和，这样就完成了效果图的绘制（图6-2-35）。

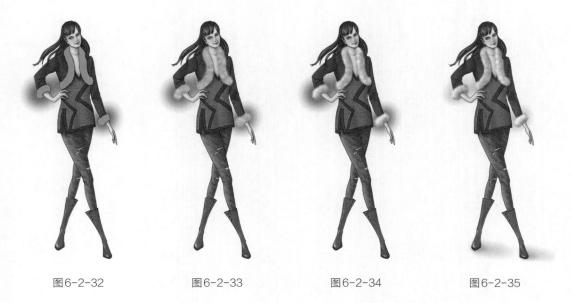

图6-2-32　　　　　　　图6-2-33　　　　　　　　图6-2-34　　　　　　　图6-2-35

第三节
绘制款式图

有时因服装效果图表现服装不够准确细致，还需要绘制服装款式图来说明服装的比例和结构等细节。

启动 CorelDRAW 软件，新建一个 A3 大小、纸张方向为横向的空白文档。打开［对象］面板，新建一个图层，导入文件"人正面 .cdr"，人体正面站立的剪影，作为绘制服装款式图的比例参考。将这个图层锁定，绘制的时候就不会对这个图层误操作（图6-3-1）。

将图层1移动至最上层，使用［贝塞尔工具］绘制夹克的左侧轮廓，轮廓需封闭（图6-3-2）。

绘制袖子与前衣片的接缝，绘制毛皮领和袖口的宽度（图6-3-3）。

镜像复制夹克的右侧部分（图6-3-4）。

画出后领口与后下摆的线（图6-3-5）。

图6-3-1

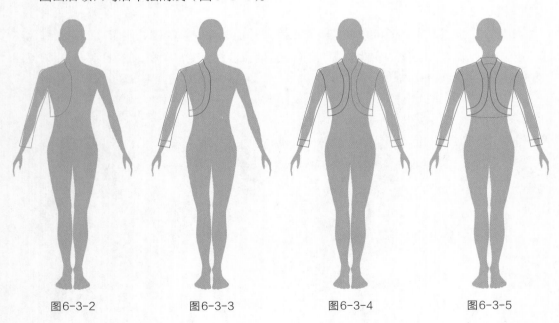

图6-3-2　　　　　图6-3-3　　　　　图6-3-4　　　　　图6-3-5

在图层2上将人的剪影设为暂时不可见，需要时可再打开（图6-3-6）。

使用［智能填充工具］填充夹克的内里，删除多余的线条（图6-3-7）。

选择前衣片和内里（不包含分割线），在属性栏上点击［合并］按钮 做加法合并，将线宽设为"1.5pt"（图6-3-8）。点击组合键［Shift+PgDn］，将此合并的图形置于最下层。

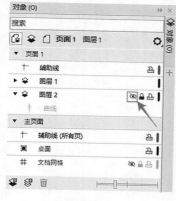

图6-3-6　　　　　　　　　图6-3-7　　　　　　　　　图6-3-8

使用［选择工具］ 将夹克全部选择，点击组合键［Alt+Enter］，打开［属性］面板，将线段的折角造型改为圆形（图6-3-9），完成了夹克的款式图线稿的绘制（图6-3-10）。

设置人的剪影为可见，设置夹克图层不可见，新建一个图层，继续绘制毛衫的款式图。

图6-3-9　　　　　　　　　图6-3-10

使用［贝塞尔工具］绘制毛衫的左半侧的轮廓，轮廓的右侧竖直线要保证绝对垂直（图6-3-11）。绘制一个矩形，如图6-3-12所示的位置放置。选择衣片和矩形，在属性栏上点击［相交］按钮 ，删除多余的部分（图6-3-13）。

绘制领口、袖口和侧边衩宽度（图6-3-14）。

先关闭人形可见，使用［智能填充工具］填充领口、袖口和侧边衩，删除多余线条（图6-3-15）。再使人形可见。

将左半侧衣片镜像复制（图6-3-16）。

将衣领、衣片和下摆分别做加法合并，填充"白色"后如图6-3-17所示。

绘制后领线（图6-3-18）和后领宽度（图6-3-19）。

先关闭人形可见，使用［智能填充工具］填充后领部分，删除多余线条（图6-3-20）。

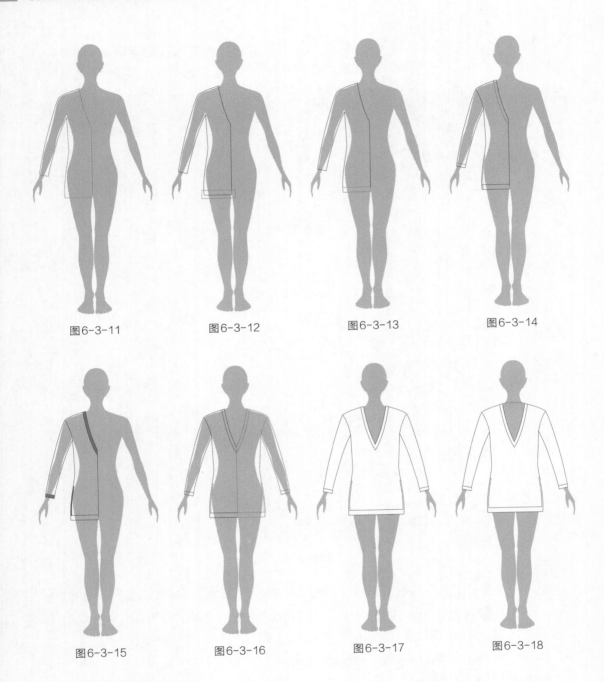

图6-3-11　　　　　图6-3-12　　　　　图6-3-13　　　　　图6-3-14

图6-3-15　　　　　图6-3-16　　　　　图6-3-17　　　　　图6-3-18

再使人形可见。

　　绘制毛衫上的几何装饰（图6-3-21）。

　　将衣片和后领部分复制，做加法合并，把线条宽度设为"1.5pt"，放置到最下一层，完成毛衫的款式图线稿（图6-3-22）。

　　设置毛衫图层不可见，新建一个图层，继续绘制裤子的款式图。

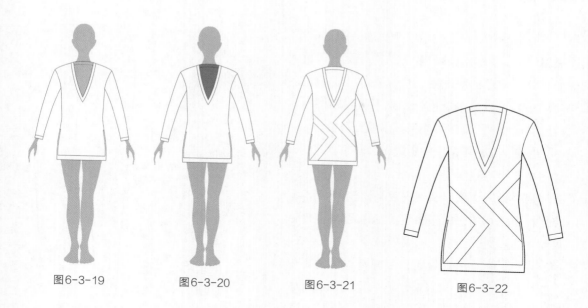

图6-3-19　　　　　　图6-3-20　　　　　　图6-3-21　　　　　　图6-3-22

使用［贝塞尔工具］绘制裤子的左半侧（图6-3-23）。

绘制口袋口的曲线和线迹（图6-3-24）。

将左半侧裤片镜像复制（图6-3-25）。

绘制腰头和门襟线迹（图6-3-26）。

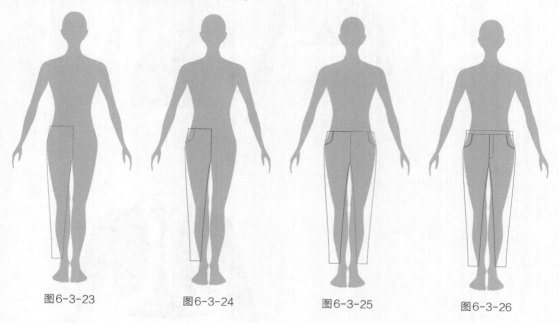

图6-3-23　　　　　　图6-3-24　　　　　　图6-3-25　　　　　　图6-3-26

绘制裤腰线迹、裤襻和扣子（图6-3-27）。

将裤腰和左右裤片复制后做加法合并，将线宽设置为"1.5pt"，置于最底层。把牛仔裤上的装饰性破洞位置标注一下（图6-3-28）。

通常在有效果图的情况下，款式图只需要黑白线稿，表达清楚服装的结构和比例即可。如果需要彩色的款式图，可以将款式图填色。封闭图形可以直接填色，如果不是封闭图形，可以尝试使用［智能填充工具］填充填色。

在CorelDRAW软件中填充的彩色款式图，如图6-3-29所示。

用矢量图工具绘制毛皮效果比较困难，可以用模拟示意的方式来表达。选择毛领，在效果菜单上执行［扭曲/龟纹］命令。在打开的［龟纹］面板上，将周期和振幅都设为"3"；勾选"垂直波纹"，振幅设为"4"，角度设为"45"。勾选"预览"，可以看到数值调整后的效果，点击［OK］按钮。在分别做后领和袖口的效果时，需调整数值，通过预览观察结果，点击［OK］按钮见款式图（图6-3-31）。

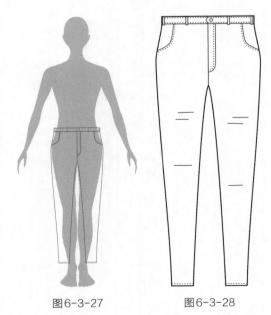

图6-3-27　　　　　　　　图6-3-28

图6-3-29

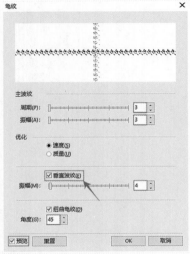

图6-3-30

图6-3-31

导入第二节绘制的效果图，和绘制完毕的款式图排列于同一版面上（图6-3-32），将文件导出为位图或直接打印即可。

其他示范作品如图6-3-33、图6-3-34所示。

图6-3-32

图6-3-33

图6-3-34

第七章

女式职业小礼服设计

知识点

PS绘制印花面料；图层混合方式；面料质感表现。CorelDRAW绘制带有阴影的款式图；CorelDRAW框架填充。

第一节
绘制线稿

启动Photoshop软件，新建一个宽度为"20cm"，高度为"30cm"，分辨率为"300dpi"的空白文档，为文档命名后点击［确定］按钮并保存为默认的PSD格式。

使用［画笔工具］，在选项栏上选择"硬边圆画笔"，笔头大小为"3像素"。打开［画笔］面板，将画笔大小抖动的控制设为"钢笔压力"。

新建一个空白图层，使用［画笔工具］用"黑色"绘制草图，配合［橡皮工具］，绘制人物的大致动态（图7-1-1），将这个图层的不透明度调整为"20%"。

新建一个空白图层，以刚绘制的草图作为底稿，调整和绘制人物，将人物和服饰细化。草图阶段的线条会较为凌乱（图7-1-2），将这个图层的不透明度调整为"20%"，然后删除图层1。

新建一个空白图层，使用［画笔工具］继续修改和绘制对象，用［橡皮工具］擦除多余的线条。经过调整，绘制出精细的线稿。本章案例与上一章的案例略有区别，需要弱化线条效果，所以绘制的线条较细。将这个图层命名为"线稿"（图7-1-3）。

如果需要将线条颜色加深，拖动线稿图层至［新建图层］按钮上释放，复制线稿图层，将图层混合方式改为"正片叠底"（图7-1-4）。将复制的图层和线稿图层合并，为避免以后绘制过程中误操作，可暂时将线稿图层锁定。

绘制完成的线稿如图7-1-5所示。

图7-1-1

图7-1-2

图7-1-3

图7-1-4

图7-1-5

效果图着色

　　在线稿图层下新建一个图层，命名为"皮肤"（图7-2-1），填充皮肤颜色（图7-2-2）。

　　新建一个图层，命名为"外套"，填充外套颜色（图7-2-3）。

　　新建一个图层，命名为"裙子"，填充裙子颜色（图7-2-4）。

　　新建一个图层，命名为"腰带"，填充腰带和袖口饰边颜色（图7-2-5）。

　　新建一个图层，命名为"丝巾"，填充丝巾颜色（图7-2-6）。

　　新建一个图层，命名为"包"，填充包的颜色（图7-2-7）。

　　新建一个图层，命名为"鞋子"，填充鞋子颜色（图7-2-8）。

　　新建一个图层，命名为"头发"，填充头发颜色（图7-2-9）。

图7-2-1

图7-2-2　　　　　　图7-2-3　　　　　　图7-2-4　　　　　　图7-2-5

图7-2-6　　　　　　图7-2-7　　　　　　图7-2-8　　　　　　图7-2-9

　　图层的排列关系如图7-2-10所示，在以后绘制的过程中可以按照需要，调整图层上下位置。

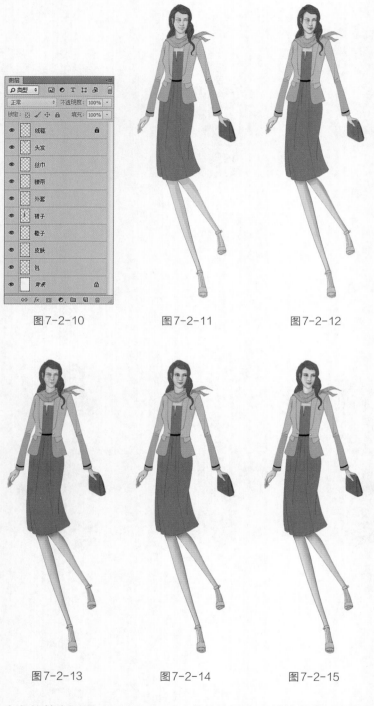

图7-2-10   图7-2-11   图7-2-12

图7-2-13   图7-2-14   图7-2-15

在皮肤图层上新建一个临时图层，使用［画笔工具］绘制皮肤上的阴影关系（图7-2-11）。按住［Ctrl］键点击皮肤图层的缩略图，会出现皮肤区域的选区，绘制时就不会超出选区范围。再绘制颜色更深的皮肤阴影（图7-2-12）。绘制过程中依据需要，随时增加或合并临时图层。

使用柔边圆画笔，将画笔的不透明度设为"30%"，配合［Alt］键直接从画面选择颜色，涂抹明暗交界处，柔化明暗关系（图7-2-13）。

使用硬边圆画笔，在［画笔］面板上将画笔大小控制设置为"钢笔压力"。调整画笔大小，绘制面部细节（图7-2-14）。

使用柔边圆画笔，取消"钢笔压力"选项，绘制面部红晕。再打开"钢笔压力"，绘制皮肤上的高光部分（图7-2-15）。将绘制皮肤的图层都合并，并锁定皮肤图层。

使用硬边圆画笔绘制头发的基本阴影（图7-2-16）。将笔头调小，继续绘制头发的中间色调和高光色调，绘制出头发的丝缕效果（图7-2-17）。将绘制头发的图层合并，锁定头发图层。

在外套图层上新建一个临时图层，按住［Ctrl］键点击外套图层的缩略图，会出现外套区域的选区。使用［油漆桶工具］将"白色"填充于临时图层。执行滤镜菜单中的［杂色／添加杂色］命令，将数量设置为"200%"，勾选"高斯分布"和"单色"（图7-2-18）。得到的效果如图7-2-19所示。

使用［魔棒工具］，在外套图层上选择外套浅灰色区域，如果要将深灰色区域也同时选中的话，可以在选项栏上将容差设置为"1"，重新选择。回到临时图层，执行滤镜菜单下的［模糊／动感模糊］命令，将角度设为"90度"，距离为"30像素"（图7-2-20），得到的效果如图7-2-21所示。

使用［魔棒工具］，在外套图层上选择外套稍微深一点的灰色区域，回到临时图层，执行滤镜菜单中的［模糊／高斯模糊］命令，在［高斯模糊］面板上，将半径设置为"2像素"，得到的效果如图7-2-22所示。

图7-2-16　　　　　　图7-2-17

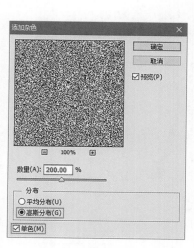

图7-2-18

图7-2-19

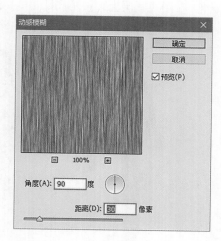

图7-2-20

将临时图层的混合方式设置为"正片叠底"，如果颜色偏深，可以在图像菜单中执行［调整／亮度／对比度］命令将亮度提高。选择外套图层，点击组合键［Ctrl+B］，打开［色彩平衡］面板，添加一点红色（图7-2-23），外套颜色呈现暖灰色效果（图7-2-24）。将绘

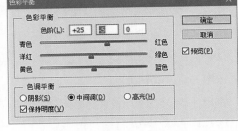

图7-2-21 　　　　　　 图7-2-22 　　　　　　　　　　 图7-2-23

制外套的图层合并，锁定外套图层。

　　打开印花图案文件，使用［移动工具］将图案拖动至当前绘制的画面中，关闭印花图案文件（图7-2-25）。将印花图案图层移动到裙子图层上，将图层命名为"图案"。按住［Ctrl］键点击裙子图层的缩略图，建立裙子的选区，按下组合键［Ctrl+Shift+I］反向选择，在图案图层上，按下删除键［Del］，删除多余部分的图案（图7-2-26）。

　　在［图层］面板上选择不同的图层混合方式，可以产生多样效果（图7-2-27）。

图7-2-24 　　　　　　 图7-2-25 　　　　　　 图7-2-26 　　　　　　 图7-2-27

图7-2-28是选择了实色混合的效果，图7-2-29是差值效果，图7-2-30是明度效果。

将图层混合模式设为"正常"，图层的不透明度设为"80%"。适当提高裙子图层的明度，使颜色变浅一些（图7-2-31）。

图7-2-28　　　　　　图7-2-29　　　　　　图7-2-30　　　　　　图7-2-31

新建一个图层，命名为"阴影"。使用[画笔工具]绘制裙子的阴影，然后将阴影图层的混合模式设置为"正片叠底"。修改图层的不透明度，得到如图7-2-32所示的效果。

新建一个图层，命名为"肌理"，按住[Ctrl]键点击裙子图层的缩略图，建立裙子的选区。使用[油漆桶工具]填充"白色"。执行滤镜菜单中的[杂色/添加杂色]命令，将数量设置为"200%"，勾选"高斯分布"和"单色"。执行滤镜菜单中的[模糊/动感模糊]命令，将角度设为"90度"，距离为"30像素"（图7-2-33）。

将这个图层的混合模式设为"正片叠底"，依据图片效果修改图层不透明度（图7-2-34）。

图7-2-32　　　　　　图7-2-33

　　适当调整图层的亮度，得到的效果如图7-2-35所示。将绘制裙子的图层合为一个组，命名为"裙子"。为方便以后可能修改，不要合并图层，然后锁定这个组。

　　使用［画笔工具］，在腰带图层绘制腰带、袖口的饰边和扣子（图7-2-36）。

　　使用［画笔工具］，在包图层绘制包的阴影（图7-2-37）。

　　使用［画笔工具］，在鞋子图层绘制鞋的受光部分和阴影（图7-2-38）。

　　新建临时图层，使用［画笔工具］，绘制丝巾的阴影（图7-2-39），再绘制丝巾的高光部分（图7-2-40）。再新建一个临时图层，使用硬边圆画笔，点出丝巾上的波点，修改图层透明度（图7-2-41），然后将绘制丝巾的图层合并。

　　在背景上增加一个图层，命名为"阴影"（图7-2-42）。绘制一个暖灰色阴影，将不透明度降低，即可得到一个淡淡的阴影效果（图7-2-43）。

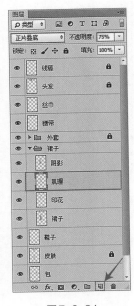

图7-2-34

图7-2-35

图7-2-36　　　　　图7-2-37　　　　　图7-2-38　　　　　图7-2-39

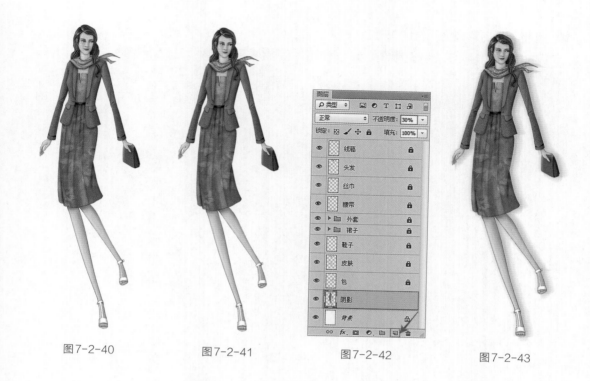

图7-2-40 　　　　　　　图7-2-41 　　　　　　　图7-2-42 　　　　　　　图7-2-43

第三节
绘制款式图

启动CorelDRAW软件，新建一个A3大小，纸张方向为横向的空白文档。导入一个人体剪影图形，作为绘图参考。

在人形上绘制一条纵向中轴线（图7-3-1），打开［对象］面板，将图层1锁定。

新建一个图层，使用［贝塞尔工具］绘制外套的左半边轮廓（图7-3-2）。

绘制服装上的领、袋盖造型以及分割线（图7-3-3）。为便于观

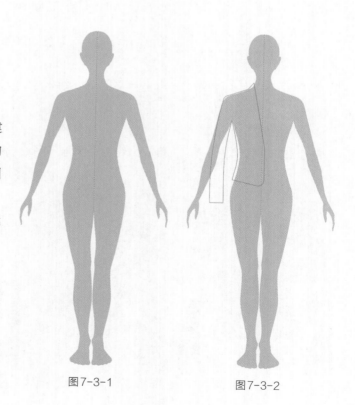

图7-3-1 　　　　　　　　图7-3-2

察，可将人体剪影设为极浅的灰色。

将所绘的半侧服装填充颜色。可以使用［智能填充工具］填充出轮廓，再进行填色（图7-3-4）。

将外套的左半侧做镜像复制，调整右侧部分到底层，并移动位置得到如图7-3-5所示的效果。

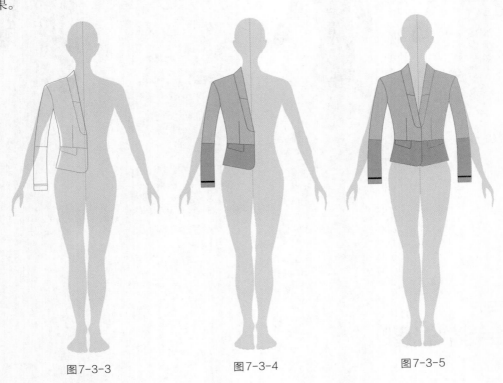

图7-3-3　　　　　　　　图7-3-4　　　　　　　　图7-3-5

绘制后领部分（图7-3-6）。

使用［智能填充工具］，填充出轮廓，删除多余的线条，将颜色修改为如图7-3-7所示的效果。

将左右衣片和后领等复制（不含分割线、袖子和领子等），并做加法合并，将线宽设为"1.5pt"（图7-3-8）。

将合并的图形放置在最下层，将外轮廓调整得稍粗一点（图7-3-9）。

使用［贝塞尔工具］绘制如图7-3-10所示的造型，将袖

图7-3-6　　　　　　　　图7-3-7

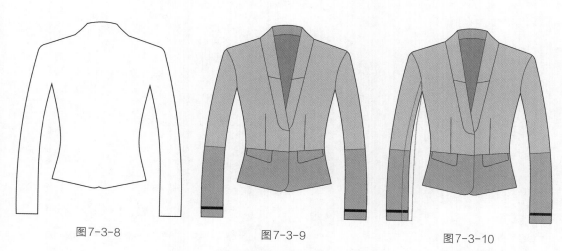

图7-3-8　　　　　　　　　　图7-3-9　　　　　　　　　　图7-3-10

子和所绘造型选择后，点击［相交］按钮 ⬛。删除多余的部分，得到如图7-3-11所示的轮廓。

将轮廓填充为"深灰色"，并去除边框色。使用［透明工具］⬛，在属性栏上点击"均匀透明度"，混合模式选择"如果更暗"，不透明度设为"60"（图7-3-12），得到袖子的阴影效果（图7-3-13）。

绘制其余部分的阴影轮廓（图7-3-14）。

使用同样的色彩和不透明度，得到如图7-3-15所示的效果。

图7-3-11

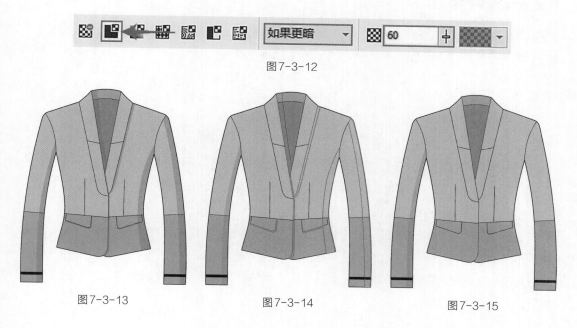

图7-3-13　　　　　　　　　　图7-3-14　　　　　　　　　　图7-3-15

图7-3-16

绘制如图7-3-16所示的后背内层的中缝线，以及纽扣和袖子上的褶皱（图7-3-16）。

褶皱用［艺术笔工具］绘制。在属性栏上可以设置线条造型和粗细（图7-3-17）。如果设置最小值的线条依然较粗，可以使用［移动工具］将线条对象缩小，再用［形状工具］修改线条节点。

点击组合键［Alt+Enter］，打开属性栏，在扣子中填充一个深灰到浅灰的渐变（图7-3-18）。

复制扣子，使用［移动工具］，按住［Shift］键将复制的扣子缩小一点，去除边框，旋转"180°"，扣子造型如图7-3-19所示。完成外套的款式图（图7-3-20）。

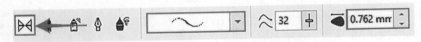

图7-3-17

图7-3-18

图7-3-19

图7-3-20

接着绘制连衣裙的款式图，将外套所在的图层2设置为暂时不可见。

新建图层，使用［贝塞尔工具］绘制连衣裙的左半侧（图7-3-21）。

绘制连衣裙的分割线（图7-3-22）。

将连衣裙的左半侧做镜像复制（图7-3-23），将两个衣片（不含分割线）做加法合并（图7-3-24）。

绘制出裙子的后背部分（图7-3-25）。做出裙子的外轮廓，宽度设为"1.5pt"，置于最底层（图7-3-26）。

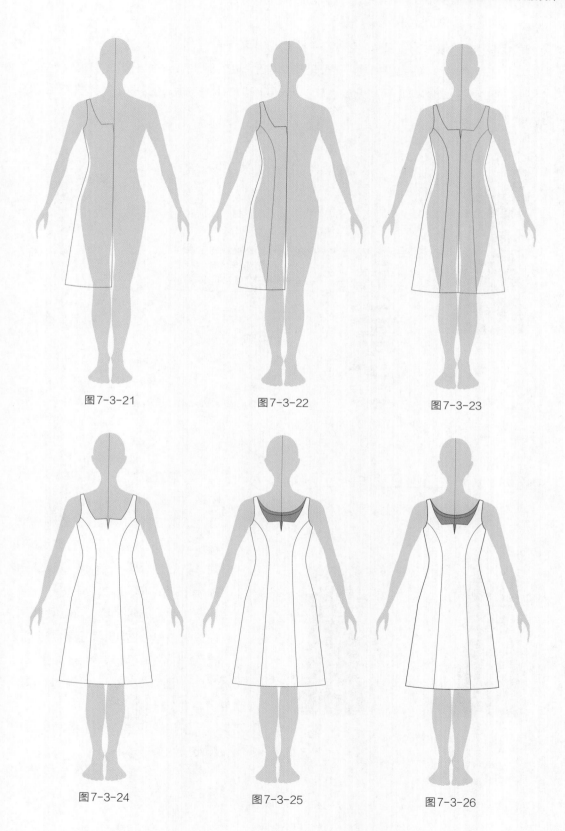

图7-3-21

图7-3-22

图7-3-23

图7-3-24

图7-3-25

图7-3-26

　　将裙子的颜色填充为蓝绿色（图7-3-27）。复制裙子前片。

　　导入印花图案的位图文件，执行对象菜单中的［PowerClip/置于图文框内部］命令（图7-3-38），这时会出现一个黑色尖头，点击复制出的裙子前片，图案文件会填充至裙子轮廓中（图7-3-29）。

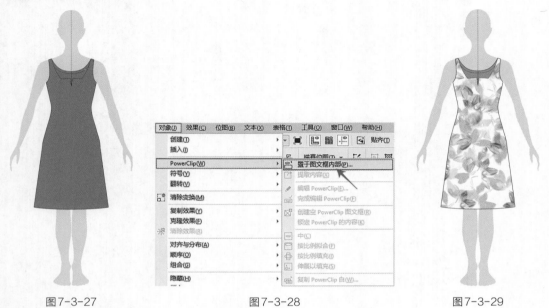

图7-3-27　　　　　　　　　　图7-3-28　　　　　　　　　　图7-3-29

图7-3-30

图7-3-31　　　　　图7-3-32

　　右键点击裙子，在右键菜单中选择"编辑PowerClip"选项，使用［透明工具］，将图案不透明度设为"50"。设置完以后，右键点击图案，在右键菜单中选择"完成编辑PowerClip"。

　　使用［透明工具］，在属性栏上设置为"均匀透明度"，混合方式设置为"如果更暗"，不透明度设为"50"（图7-3-30），得到的效果如图7-3-31所示。

　　使用［矩形工具］绘制黑色的腰带（图7-3-32）。

　　绘制出裙子上的大致阴影（图7-3-33）。

使用［艺术笔工具］绘制裙子上的皱褶，裙子内侧的颜色修改为略深一点的颜色，绘制完成裙子的款式图如图7-3-34所示。

导入效果图，将裙子与外套和连衣裙的款式图排版（图7-3-35）。

其他示范作品如图7-3-36~图7-3-38所示。

图7-3-33　　　　　　　　图7-3-34　　　　　　　　图7-3-35

图7-3-36　　　　　　　　图7-3-37　　　　　　　　图7-3-38

第八章

女式晚装设计

纸稿转为数字文档的处理方法；PS 绘制半透明面料，绘制闪光面料；绘制面料纹样。

第一节
线稿处理

绘制于纸张的效果图，可以导入计算机修改和着色。本章节以女式晚装为例，示范线描手稿的处理与着色过程。

首先，用铅笔或黑色墨水笔在纸张上绘制服装设计线稿图（图8-1-1）。

然后，使用扫描仪或数码相机将手稿转为电子文档，转为电子文档时，请使用较高的分辨率。

打开Photoshop软件，新建一个宽"20cm"，高"30cm"，分辨率为"300dpi"的空白文档。

在文件菜单中置入手稿线描图，调整线描稿的大小。双击画面，在［图层］面板上右键点击新置入的图层，在右键菜单中点击"栅格化图层"，将新图层与背景图层合并。

图8-1-1

接着需要调整画面黑白关系，将原本白纸的部分设置为纯白。点击组合键［Ctrl+M］，打开［曲线］面板，用如图8-1-2所示的方式调整曲线，同时观察画面，得到需要的效果后点击［确定］按钮。

在窗口菜单中打开［信息］面板（或者按下快捷键［F8］），鼠标放到画面上的纸色位置，显示RGB都为255，或者CMYK都是0，说明纸张已经是白色了（图8-1-3）。如果不是这个数值，就还要继续将纸张调整至纯白色。

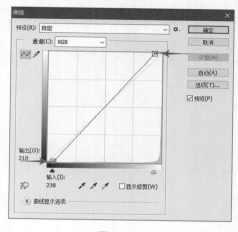

图8-1-2

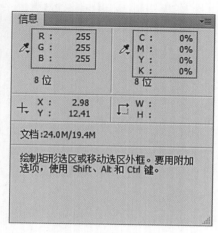

图8-1-3

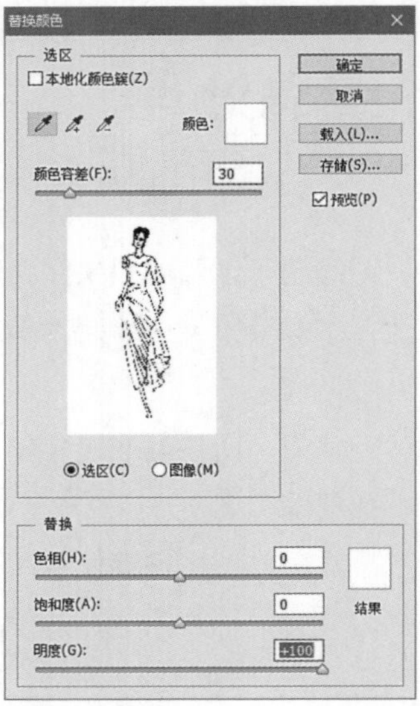

如果画面明暗不够均匀，仅仅调整曲线不能达到目标。可以尝试执行图像菜单下的［调整／替换颜色］命令。在［替换颜色］面板打开后，在画面上点击需要调色的位置，并在面板上调整颜色容差，控制调色的面积，调整明度至"100%"，可以看到画面被选中部分变白（图8-1-4）。然后使用［信息］面板检查画面颜色。

在调整颜色的过程中，需注意不要使线条笔触有较大损失。

依据以下步骤操作提取线条，使线条以外的部分都为透明状态：

（1）点击组合键［Ctrl+A］，全选画面；

（2）点击组合键［Ctrl+C］，复制；

（3）在［通道］面板，新建一个通道"Alpha1"，然后点击组合键［Ctrl+V］，粘贴画面（图8-1-5）；

（4）点击组合键［Ctrl+I］，反相颜色；

（5）在［图层］面板，新建图层，命名为"线稿"（图8-1-6）；

（6）点击选择菜单中的加载选区，选择通道"Alpha1"，点击［确定］按钮（图8-1-7）；

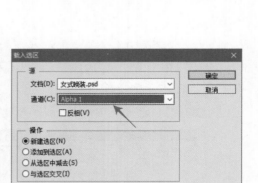

图8-1-4

图8-1-5

图8-1-6

图8-1-7

（7）使用［油漆桶工具］，将"黑色"填充至选区；

（8）将背景色设为"白色"，在［图层］面板上点击背景图层，点击组合键［Ctrl+A］，全选画面，按下［Del］键，删除画面内容，将背景变为"纯白色"。

这样就完成了线条的提取。

另外，也可以采用快速蒙版的方式提取线条，其步骤为：

（1）点击组合键［Ctrl+A］，全选画面；

（2）点击组合键［Ctrl+C］，复制；

（3）点击［Q］键，创建快速蒙版；

（4）点击组合键［Ctrl+V］，粘贴画面，画面线条显示为红色，表示粘贴成功；

（5）点击［Q］键，快速蒙版转换为选区；

（6）在［图层］面板，新建图层，命名为"线稿"；

（7）点击组合键［Ctrl+Shift+I］，反转选区；

（7）使用［油漆桶工具］，将"黑色"填充至选区；

（8）将背景内容删除，变为"纯白色"。

用以上两种方法提取线条，笔触损失较小。

第二节
效果图着色

在线稿图层下，新建一个图层，命名为"配色"，将需要使用的颜色做成色卡（图8-2-1）。

为便于修改，绘制不同部位时，都应新建图层。当图层较多，管理不便时，可以将部分图层编组或者合并。本案例上色都是用［画笔工具］完成的，绘制细节时，需要点击快捷键［F5］，打开［画笔］面板，将画笔大小控制设置为"钢笔压力"。

新建一个图层，命名为"皮肤"，绘制皮肤颜色（图8-2-2）。

使用［画笔工具］的硬边圆笔头，绘制皮肤的暗部（图8-2-3）。使用柔边圆笔头，并

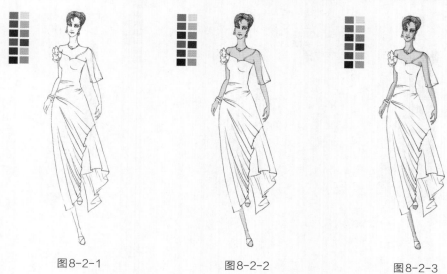

图8-2-1　　　　　　　　　　图8-2-2　　　　　　　　　　图8-2-3

调整画笔的不透明度，绘制出皮肤的过渡色（图8-2-4）。

使用硬边圆笔头，绘制出五官的色彩（图8-2-5）。

新建一个图层，命名为"头发"，绘制头发颜色（图8-2-6）。在最上方建立一个图层，命名为"修补"，需要覆盖铅笔线稿的颜色，可以画在这个图层上，再修补图层绘制头发的高光部分。

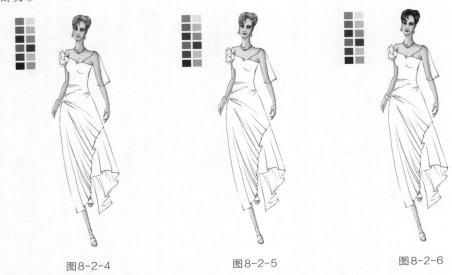

图8-2-4　　　　　　　　　　　图8-2-5　　　　　　　　　　　图8-2-6

新建一个图层，命名为"衣服"，绘制衣服上的深蓝颜色。新建一个图层，命名为"拼接"，绘制灰蓝色的拼布（图8-2-7）。

新建一个图层，命名为"袖子"，绘制袖子颜色（图8-2-8）。

新建一个图层，命名为"阴影"，绘制衣服上的阴影颜色（图8-2-9）。将这个图层和衣服图层合并为一个组，命名为"衣服"。

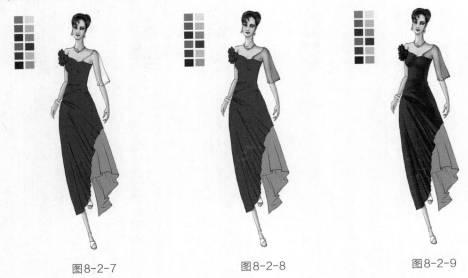

图8-2-7　　　　　　　　　　　图8-2-8　　　　　　　　　　　图8-2-9

新建一个图层，命名为"阴影"，绘制拼布上的阴影颜色。将这个图层和拼接图层合并为一个组，命名为"拼接"（图8-2-10）。

新建一个图层，命名为"配饰"，绘制耳环、手镯、鞋子等颜色（图8-2-11）。

新建一个图层，命名为"高光"，绘制衣服和拼布上受光面的颜色（图8-2-12）。

图8-2-10   图8-2-11   图8-2-12

新建一个图层，命名为"纹样"，绘制袖子和拼布上纹样（图8-2-13）。绘制完纹样后，调整图层不透明度和图层混合方式，使得纹样和服装融合得更加自然。

打开星光图片，在编辑菜单中点击［定义画笔预设］按钮，在跳出的面板上点击［确定］按钮，然后关闭星光图片。使用［画笔工具］，在选项栏上选择刚刚定义的"星光画笔"，将笔触调整至合适大小。

打开［画笔］面板，将形状动态中的大小抖动设置为"钢笔压力"，把角度抖动设置为"50%"（图8-2-14），将散布中的散布设为"800%"（图8-2-15）。在传递中，将不透明度抖动设置为"60%"（图8-2-16）。

图8-2-13

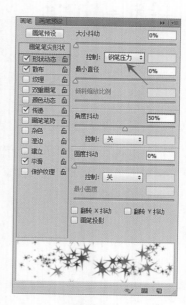

图8-2-14

新建一个图层，命名为"闪片"，使用"白色"在衣服上随机绘制出闪光珠片的效果（图8-2-17）。

图层排列可参考图8-2-18。

图8-2-15

图8-2-16

图8-2-17

图8-2-18

第三节
绘制款式图

启动CorelDRAW软件，新建一个A3大小，纸张方向为横向的空白文档。

一般来说，如果效果图颜色表达较为清楚，款式图只需用黑白两色清楚表达服装的款式结构即可。

导入人体正面的轮廓形，在［对象］面板上，将图层1锁定。新建一个图层，使用［贝塞尔工具］在图层2上绘制服装的基本轮廓（图8-3-1）。

将绘制的轮廓复制并做加法合并，轮廓宽度设为"1.5pt"，并置于底层（图8-3-2）。

使用［手绘工具］和［贝塞尔工具］绘制服装上的结构线和一些造型线（图8-3-3）。

图8-3-1

使用［艺术笔工具］绘制服装上的衣褶（图8-3-4）。

绘制衣服上的阴影效果（图8-3-5）。

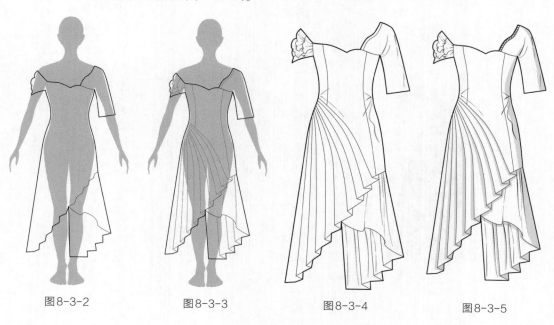

| 图8-3-2 | 图8-3-3 | 图8-3-4 | 图8-3-5 |

这件晚装的背面是非常规结构，需要绘制结构图作为说明。绘制完成正面结构图以后，将所有对象复制并做镜像翻转（图8-3-6）。

在复制的对象上进行修改，绘制出反面结构（图8-3-7）。

绘制一个蝴蝶结装饰放置于腰部（图8-3-8）。

| 图8-3-6 | 图8-3-7 | 图8-3-8 |

将前面绘制的效果图导入，排版完成如图8-3-9所示的效果。

其他示范作品如图8-3-10和图8-3-11所示。

正面款式图　　　　　　背面款式图

图8-3-9

图8-3-10

图8-3-11

第九章

女式休闲裙装设计

知识点

CorelDRAW 绘制效果图线稿；PS定义图案；服装配色。

第一节
绘制线稿

启动 CorelDRAW 软件，新建一个空白文档。

除了前文讲述的绘制线稿的方法之外，CorelDRAW 也可以绘制出变化多样的线稿。在 CorelDRAW 中可以直接使用 [艺术笔工具] 绘制线稿，或者在纸上绘制一份草图，扫描或者拍照后导入 CorelDRAW 软件，作为 [艺术笔工具] 绘制线稿的参考图。

将草图导入 CorelDRAW 后，在草图上绘制一个 A4 左右大小的矩形，填充"白色"，使用 [透明工具]，在属性栏上选择"均匀透明度"，将透明度设为"20"。做出描图纸效果，方便观察（图 9-1-1）。

打开 [对象] 面板，将图层 1 锁定，新建图层 2，在图层 2 绘制线稿图（图 9-1-2）。

使用 [艺术笔工具]，在属性栏上选择笔刷中的"书法笔"，然后选择其中较细的笔触，绘制线稿。绘画过程中可以更换笔触，以获得较为自然的笔触效果（图 9-1-3）。CorelDRAW 软件支持数位板绘图，通过压感笔表现笔触变化。

使用 [形状工具] 调整描绘的线条，线描稿绘制效果如图 9-1-4 所示。

在 [对象] 面板上删除图层 1。

点击文件菜单下 [导出] 按钮，将文件命名为"线稿"，在 [导出] 面板上选择文件类型为"EPS 格式"，使用默认参数导出 EPS 文件。

图 9-1-1

图 9-1-2

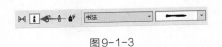

图 9-1-3

图 9-1-4

第二节

效果图着色

　　打开 Photoshop 软件，新建一个 A4 大小，分辨率为 "300dpi"，色彩模式为 "RGB" 的空白文档。

　　在文件菜单中置入刚刚保存的 EPS 文件。双击画面，在线稿图层上点击右键，在右键菜单中选择 "栅格化图层"。

　　新建一个图层，命名为 "配色"（图9-2-1）。使用［矩形选区工具］和［油漆桶工具］，将效果图的基本配色做成色卡（图9-2-2）。色卡大小并无特殊要求，使用方便即可。

　　使用［画笔工具］，在选项栏上选择 "硬边圆笔头"，调整至合适大小（参考大小为 "80像素"）。在［画笔］面板上将画笔大小抖动的控制设为 "钢笔压力"。

　　着色时，配合［Alt］键和鼠标左键，从色标上吸取颜色，绘制到相应图层。

　　在线稿图层下方新建一个图层，命名为 "主色"（图9-2-3）。使用［画笔工具］绘制裙子的主色调（图9-2-4）。

　　新建一个图层，命名为 "阴影"（图9-2-5）。使用［画笔工具］绘制裙子的阴影（图9-2-6）。绘制阴影时，可以建立选区控制阴影绘制的区域。将阴影图层的混合方式设置为 "正片叠底"，根据画面效果调整图层的不透明度。

图9-2-1

图9-2-2

图9-2-3

图9-2-4

　　新建一个图层，命名为"亮面"（图9-2-7）。使用［画笔工具］用"白色"绘制裙子的受光面（图9-2-8）。根据画面效果调整图层的不透明度，将绘制主色的几个图层合为一个组，命名为"主色"。

　　新建一个图层，命名为"褶边"。使用［画笔工具］填充袖子和裙子下摆（图9-2-9）。用同样的方法绘制褶边的阴影（图9-2-10）。

图9-2-5　　　　　　　　　　　图9-2-6　　　　　　　　　　　图9-2-7

图9-2-8　　　　　　　　　　　图9-2-9　　　　　　　　　　　图9-2-10

打开文件"印花1.jpg"，在编辑菜单中点击"定义图案"。在［图案名称］面板上点击［确定］按钮（图9-2-11）。使用［油漆桶工具］，在选项栏上选择"填充图案"，填充刚定义的图案（图9-2-12）。

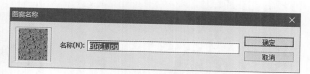

图9-2-11

图9-2-12

按住［Ctrl］键在褶边图层的缩略图上点击，建立选区。新建一个图层，命名为"图案"，使用［油漆桶工具］在选区中填充。

将图案图层的混合方式设为"正片叠底"（图9-2-13）。如果褶边的颜色比较深，可以将褶边图层的不透明度设为"50%"，就得到如图9-2-14所示的效果。

将绘制褶边的几个图层合为一个组，命名为"褶边"（图9-2-15）。

图9-2-13

图9-2-14

图9-2-15

新建一个图层，命名为"皮肤"，绘制皮肤颜色（图9-2-16）。绘制更深一些的皮肤颜色，增加层次（图9-2-17）。

新建一个图层，命名为"头发"，绘制头发颜色（图9-2-18）。

新建一个图层，命名为"鞋子"，绘制鞋子颜色（图9-2-19）。

新建一个图层，命名为"高光"，绘制皮肤上的高光色（图9-2-20）。

将皮肤、高光图层合并为一个图层，命名为"皮肤"（图9-2-21）。

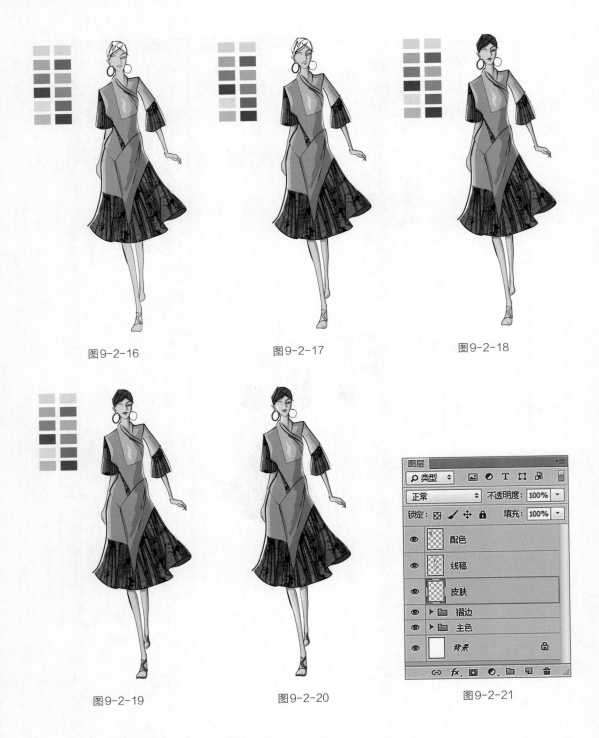

图9-2-16　　　　　　　　图9-2-17　　　　　　　　图9-2-18

图9-2-19　　　　　　　　图9-2-20　　　　　　　　图9-2-21

为便于以后修改，保存这个文件后，再将该文件另存一个备份。

在背景上新建一个图层，绘制一个阴影（图9-2-22），得到的效果如图9-2-23所示。

右键分别点击组，在右键菜单中点击［合并组］按钮。

图9-2-22

图9-2-23

第三节

制作配色方案

　　选择主色图层，执行图像菜单下的［调整／色相／饱和度］命令，或者点击组合键［Ctrl+U］，在［色相／饱和度］面板上，将色相设为"-160"，饱和度设为"50"，明度设为"15"（图9-3-1），得到如图9-3-2所示的颜色。

　　选择褶边图层，设置同样参数的色相和饱和度，得到如图9-3-3所示的颜色，这样就做完了一种配色，保存该文件。另存文

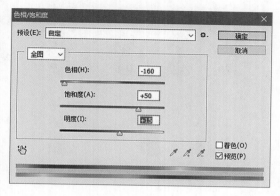

图9-3-1

图9-3-2

图9-3-3

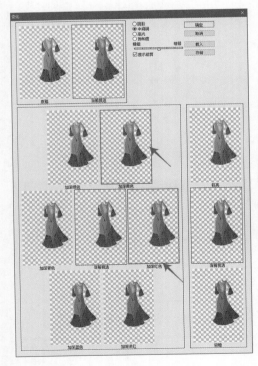

图9-3-4

图9-3-5

件后，继续做下一个配色。

打开窗口菜单中的历史记录，回到调整颜色前的步骤。将褶边和主色图层合并。执行图像菜单下的［调整/变化］命令。在［变化］面板上，点击"加深黄色"2次，点击"加深红色"5次，点击［确定］按钮（图9-3-4），就得到如图9-3-5所示的色彩。另存文件后，使用历史记录功能回到调整颜色前的图像。

在主色图层和褶边图层上分别调整色相和饱和度，将色相设为"-140"，饱和度设为"70"，明度设为"65"（图9-3-6）。将色彩调整为如图9-3-7所示的粉色。另存文件后，继续调整色相和饱和度至如图9-3-8所示的效果，保存文件。

新建一个宽为"35cm"，高为"25cm"，分辨率为"300dpi"的空白文件，将刚制作的四种配色文件置入，得到配色效果图（图9-3-9）。

图9-3-6

图9-3-7

图9-3-8

图9-3-9

绘制款式图

启动CorelDRAW软件，新建一个A3大小、纸张方向为横向的空白文档。导入一个人体剪影图形，作为绘图参考。

打开［对象］面板，将图层1锁定。新建一个图层，在新建的图层2上绘制款式图。

使用［贝塞尔工具］绘制连衣裙的左半侧，右侧边线要在人体中间并垂直向下（图9-4-1）。

镜像复制左半侧衣片，然后将两侧衣片做加法合并（图9-4-2）。

绘制两侧袖子（图9-4-3），须保证接缝部位没有缝隙。

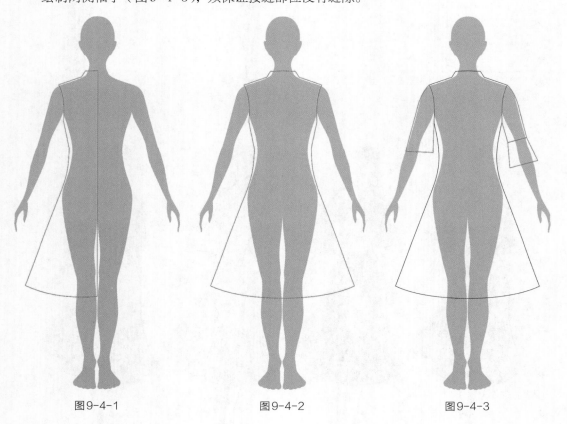

图9-4-1　　　　　　　　　　图9-4-2　　　　　　　　　　图9-4-3

将所有衣片复制，做加法合并，将线宽设为"1.5pt"，将轮廓线加粗（图9-4-4）。

绘制衣片上的分割线（图9-4-5）。

使用［艺术笔工具］，在属性栏上选择笔刷中的"书法笔"，选择一个合适的笔触绘制衣服上的褶皱（图9-4-6）。

绘制出阴影部分
（图9-4-7）。

使用［形状工具］修
改阴影轮廓，填充"灰
色"。使用［透明工具］，
在属性栏上选择"均匀
透明"，选择混合方式为
"乘"（图9-4-8）。得到的
效果如图9-4-9所示。

使用［艺术笔工具］
绘制褶边上的阴影，分别选
择袖子以及裙下摆的阴影形
状，点击属性栏上的［创建
边界］按钮 ，创建出阴
影的轮廓。然后，将原先艺
术笔绘制的造型删除。

将创建的轮廓填充
"灰色"，并使之半透明
（图9-4-10），这样就绘制
完成了裙正面的款式图。

这款裙装的背面有特
殊造型，因此需要绘制背
面的款式图。

选择袖子和大身衣片
（不含褶皱和分割线），复制
并水平镜像（图9-4-11）。

绘制背面衣片上的分
割线（图9-4-12）。

绘制左边侧襟上的
扣子和背部绳带装饰
（图9-4-13）。

使用［艺术笔工具］
绘制袖子和裙摆上的褶皱
（图9-4-14）。

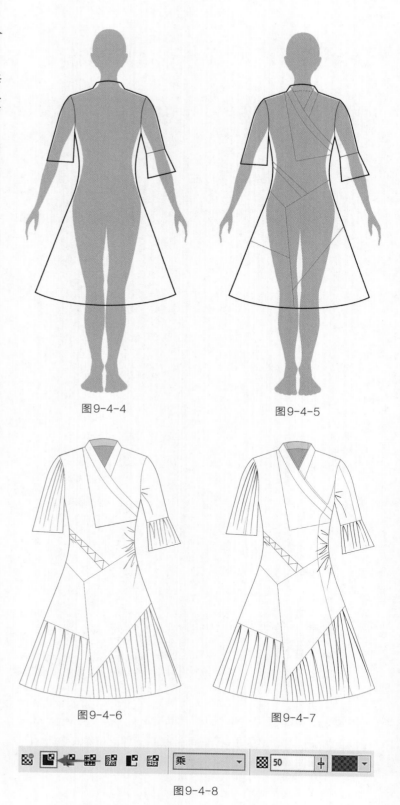

图9-4-4

图9-4-5

图9-4-6

图9-4-7

图9-4-8

图9-4-9　　　　　　　图9-4-10　　　　　　　　　图9-4-11

图9-4-12　　　　　　　图9-4-13　　　　　　　图9-4-14

绘制裙子上的阴影（图9-4-15）。

绘制褶边上的阴影（图9-4-16）。

使用［阴影工具］ ▣ 在绳带装饰上拖动出阴影。在属性栏上将不透明度设为"20"，将阴影羽化设为"2"（图9-4-17）。

画完的背部款式图如图9-4-18所示。

将效果图和款式图排版至同一页面，导出位图（图9-4-19）。

其他示范作品如图9-4-20~图9-4-22所示。

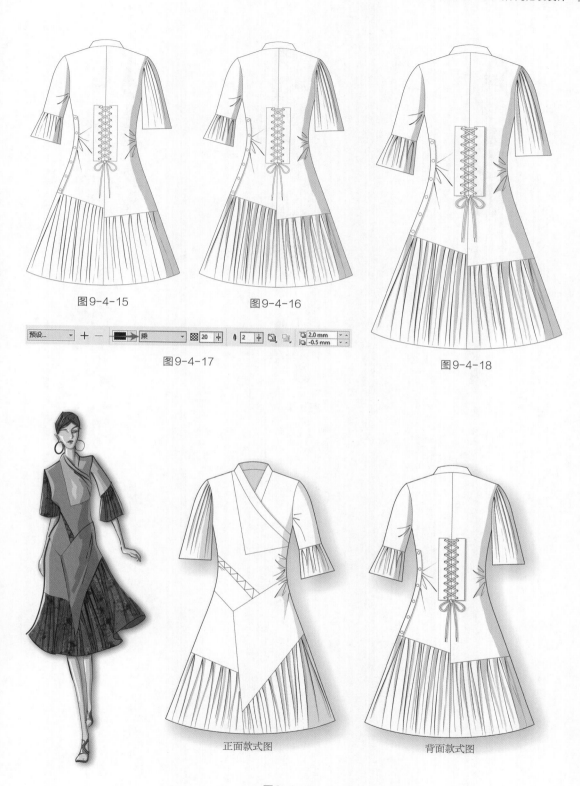

图9-4-15　　　　图9-4-16

图9-4-17　　　　图9-4-18

正面款式图　　　　背面款式图

图9-4-19

图9-4-20

图9-4-21

图9-4-22

第十章

婚纱裙装设计

知识点

PS绘制纱质面料；绘制蕾丝纹样。

第一节
绘制线稿

启动 Photoshop 软件，新建一个宽度为"20cm"，高度为"30cm"，分辨率为"300dpi"的空白文档，为文档命名后保存为默认的"PSD格式"。

使用［画笔工具］，在选项栏上选择"硬边圆画笔"，笔头大小为"4像素"。打开［画笔］面板，将画笔大小抖动的控制设为"钢笔压力"。

新建一个空白图层，使用［画笔工具］用黑色绘制草图，配合［橡皮工具］，绘制婚纱草图（图10-1-1），将这个图层的不透明度调整为"20%"。

新建一个图层，命名为"线描"。以刚绘制的草图作为底稿，绘制出正式的线描稿，然后删除图层1（图10-1-2）。

使用［油漆桶工具］，将背景填充为"深蓝色"（图10-1-3）。

图10-1-1

图10-1-2

图10-1-3

选择线描图层，点击组合键［Ctrl+M］，打开［曲线］面板，将曲线左下角端点拖动到左上角（图10-1-4），线条变成了白色（图10-1-5）。

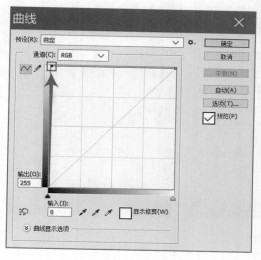

图10-1-4

图10-1-5

效果图着色

新建4个图层，分别命名为"头发""配饰""皮肤"和"白色"（图10-2-1）。

在白色图层上，依据所绘人物轮廓填充"白色"，并将图层不透明度设为"20%"（图10-2-2）。

在皮肤图层上，使用［画笔工具］绘制脸

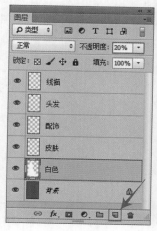

图10-2-1

图10-2-2

部和上身的浅粉色（图10-2-3）。

在头发图层上绘制头发颜色（图10-2-4）。

在皮肤图层上使用［画笔工具］，选择"硬边圆笔头"，绘制皮肤上的阴影（图10-2-5）。

图10-2-3

图10-2-4

图10-2-5

按住［Ctrl］键，点击皮肤图层的缩略图，建立皮肤部分的选区。点击快捷键［F5］，打开［画笔工具］面板，选择"柔边圆笔头"，关闭"形状动态"选项（图10-2-6）。在选项栏上将画笔的不透明度设为"25%"，将画笔调整至适当大小。

使用［画笔工具］，配合［Alt］键选择邻近颜色，涂抹柔化阴影效果（图10-2-7）。

新建图层，命名为"脸"。使用［画笔工具］，在［画笔］面板上调整画笔形状动态，并在［选线］面板上将不透明度恢复为"100%"，绘制面部五官，勾勒面部轮廓线（图10-2-8）。

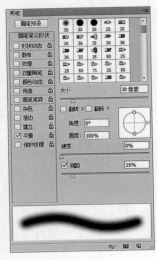
图10-2-6

图10-2-7

图10-2-8

将头发图层移动到最上层，使用［画笔工具］绘制头发的明暗关系（图10-2-9）。
在配饰图层上简单绘制配饰的阴影。

新建图层，命名为"上身"。绘制上身的皮肤高光和阴影效果，勾勒轮廓线（图10-2-10）。

在线描图层上方，新建图层命名为"配饰2"。绘制耳环、项饰和头饰（图10-2-11）。

图10-2-9　　　　　　　　　图10-2-10　　　　　　　　　图10-2-11

新建一个宽和高都是"5cm"，分辨率为"300dpi"的空白文档。使用［画笔工具］的"硬边圆笔头"，画笔大小设为"3个像素"，绘制一些随机的点（图10-2-12）。

在编辑菜单中点击［定义画笔预设］按钮，确定以后，就新建了一个画笔。关闭新建的这个文件，不必保存。

使用［画笔工具］，在选项栏上选择新制作的笔头，在［画笔］面板上将画笔间距缩小一点（图10-2-13）。

图10-2-12

在形状动态中，将大小抖动的控制设置为"钢笔压力"（图10-2-14）。在传递中，将不透明度抖动的控制设为"钢笔压力"（图10-2-15）。在绘制过程中，画笔的大小和透明度都会随着用笔的轻重发生变化。

新建一个图层，命名为"纱"。头纱部分建立一个选区，使用［画笔工具］，将前景色设为"纯白色"，绘制出纱质效果。绘制过程中应调整画笔至合适的大小。如果建立选区比较麻烦，也可以绘制完毕以后用橡皮擦除多余部分（图10-2-16）。

用同样的画笔，绘制腰部以下的纱质效果（图10-2-17）。

新建图层，命名为"花"。用同样的画笔，绘制花的明暗关系（图10-2-18）。

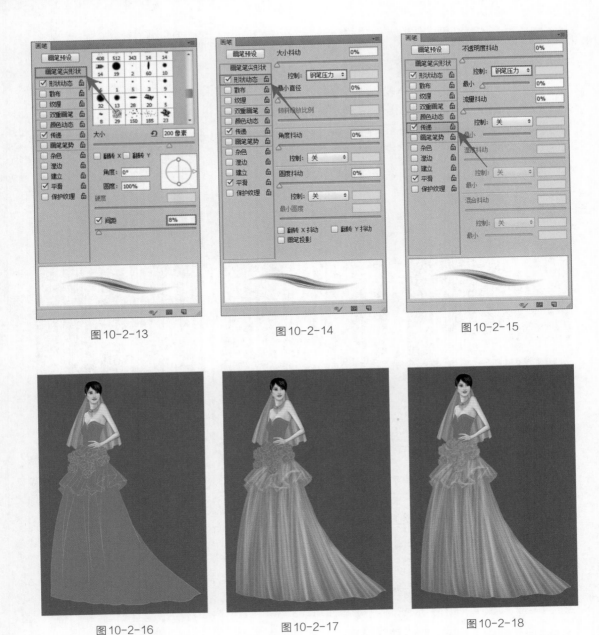

图 10-2-13　　　　　　　　　图 10-2-14　　　　　　　　　图 10-2-15

图 10-2-16　　　　　　　　　图 10-2-17　　　　　　　　　图 10-2-18

　　新建图层，命名为"图案"。使用画笔的"硬边圆笔头"，在［画笔］面板上，将间距设为"200%"（图 10-2-19）。

　　绘制出上衣上的图案（图 10-2-20）。

　　如果觉得白色太浅，可在［图层］面板上将图案图层拖动到［新建图层］按钮上松开，复制该图层，再合并这两个图层。若其他图层的白色过浅，也可使用同样的方法处理，复制的图层可做轻微的"高斯模糊"（图 10-2-21）。

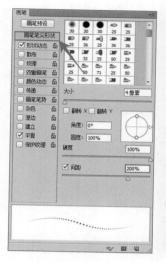

图 10-2-19　　　　　　　　　　图 10-2-20　　　　　　　　　　图 10-2-21

　　在最上层新建图层，命名为"修补"。使用［画笔工具］绘出需要加深的阴影和需要提亮的亮部，再绘制胸衣上的蓝色宝石（图 10-2-22）。

　　在背景上新建图层，命名为"阴影"。在人物周边绘制阴影，用以烘托主体。再新建一个图层，命名为"肌理"。使用［油漆桶工具］填充任意颜色，在滤镜菜单下执行［杂色／添加杂色］命令，在［添加杂色］面板上勾选"单色"和"高斯分布"，将数量设置为"200%"。然后，在滤镜菜单下执行［模糊／动感模糊］命令，角度为"0"，距离为"120 像素"。

　　将肌理图层的混合模式设为"正片叠底"，不透明度设置为"40%"（图 10-2-23）。

　　绘制完成的婚纱裙效果图如图 10-2-24 所示。

图 10-2-22　　　　　　　　　　图 10-2-23　　　　　　　　　　图 10-2-24

第三节
绘制款式图

启动CorelDRAW软件，新建一个A3大小，纸张方向为横向的空白文档。导入人体剪影图形，作为绘图参考。

使用［贝塞尔工具］绘制半边婚纱裙（图10-3-1）。

镜像复制左侧衣片至右侧，将两侧衣片做加法结合（图10-3-2）。

使用［手绘工具］绘制花形，使用［形状工具］修改造型（图10-3-3）。所有花瓣须保证为封闭形，填充为"白色"。

改变花瓣的大小和角度，随机放置到婚纱腰部（图10-3-4）。

绘制腰间叠加的纱（图10-3-5）。

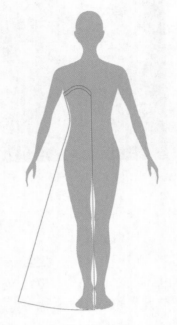

图10-3-1

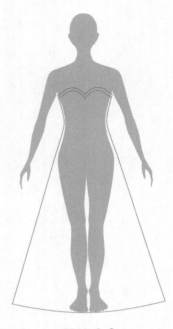

图10-3-2

图10-3-3

图10-3-4

图10-3-5

使用［艺术笔工具］绘制裙子上的垂褶（图10-3-6）。

删除人形，绘制上衣的省道线（图10-3-7）。

绘制胸口的水滴形宝石以及服装上简单的阴影效果（图10-3-8）。

图10-3-6 　　　　　　　　　图10-3-7 　　　　　　　　　图10-3-8

　　将画完的服装正面款式图做镜像复制，然后在复制的图形上修改，绘制出背面款式图（图10-3-9）。

　　背面款式图绘制完成如图10-3-10所示。

图10-3-9 　　　　　　　　　　　　　　　　图10-3-10

CorelDRAW兼容PSD格式，可以分离Photoshop的图层。导入PSD格式的婚纱裙的效果图，点击组合键［Ctrl+U］，将图片解散群组，删除不需要的图层。

双击［矩形工具］，在最下层绘制出一个A3大小的矩形，填充"深蓝色"。将效果图和款式图排列，并键入相关文字（图10-3-11）。

其他示范作品如图10-3-12和图10-3-13所示。

正面款式图　　　　　背面款式图

图10-3-11

图10-3-12

图10-3-13

第十一章

时尚服饰招贴设计

知识点

CorelDRAW绘制服装画；招贴画的排版与效果表现。

第一节
绘制拼色短连衣裙

以矢量图方式绘制的图形，基本可以不受限制地放大，图形质量不会有损失。矢量图文件的体积一般比较小，所以使用矢量图方式绘制大型招贴，比位图方式有着更高的效率。

本章节以设计时尚服饰招贴作为案例，讲述矢量图的绘制方法。

启动CorelDRAW软件，新建一个A3大小，纸张方向为横向的空白文件。

使用［手绘工具］或者［贝塞尔工具］绘制轮廓线，使用［形状工具］修改所绘线条。相邻轮廓可以用减法保证线条精确重合。为便于说明，图11-1-1中的每个单色表示一个封闭的轮廓。

将对象填充颜色（图11-1-2），颜色随时可以修改，初绘时颜色不必非常精确。

使用［刻刀工具］ ，在属性栏上设置为"手绘模式"，自动封闭曲线（图11-1-3）。

将裙子分割（图11-1-4），将需要继续分割的裙子解散群组，删除多余的部分，继续分割。将刻刀属性设置为"贝塞尔曲线方式"，绘制裙摆位置的折线（图11-1-5）。

使用［手绘工具］绘制眉毛和眼睛（图11-1-6）。选择眉毛和眼睛，在对象菜单里点击"将轮廓转换为对象"（或者点击组合键［Ctrl+Shift+Q］）。然后使用［形状工具］调整眉毛和眼睛造型（图11-1-7）。

使用［手绘工具］绘制眼睫毛（图11-1-8），将轮廓转换为对象后修改眼睫毛的造型（图11-1-9）。

使用［智能填充工具］ 在眼睛中填充出眼白。绘制4个同心圆，将同心圆填充颜色后全部选择，在对象菜单下执行［PowerClip/置于图文框内部］命令，点击眼白，将同心圆填入眼睛中（图11-1-10）。右键点击

图11-1-1　　　　图11-1-2

图11-1-3

图11-1-4　　　　图11-1-5

图11-1-6

图11-1-7

图11-1-8

图11-1-9

图11-1-10

眼白，在右键菜单中点击"编辑PowerClip"，可以修改填入框架的对象，包括大小、位置、颜色等各种属性。右键点击对象，在右键菜单中点击"完成编辑PowerClip"，即可退出编辑模式。

将眼睛对称复制，移动至适当位置，在眼珠上画两个白色椭圆，模仿高光效果（图11-1-11）。

使用［手绘工具］绘制鼻子和嘴，去除边框，并填充颜色（图11-1-12）。

使用［手绘工具］绘制头发，然后使用PowerClip功能填充至头发轮廓内（图11-1-13）。

绘制一个椭圆形，去除边框，填充"玫红色"。点击组合键［Alt+Enter］，打开［属性］面板，设置渐变透明。选择渐变透明，选择类型为"椭圆形渐变透明"，并将调节杆右侧颜色的不透明度设置为50%左右（图11-1-14）。

改变椭圆大小，复制并移动到脸颊位置（图11-1-15）。

图11-1-11

图11-1-14

图11-1-12

图11-1-13

图11-1-15

导入文件"卷草纹样.cdr"，执行［PowerClip/填充图文框］的命令，将纹样填充至裙子相应位置，进入编辑PowerClip功能，修改纹样大小和位置后退出编辑（图11-1-16），将裙子颜色改为橙色。

去除对象的黑色边框,使用 [刻刀工具] 做出鞋子的造型(图11-1-17)。

用示意性的方式,绘制对象上的阴影。阴影的绘制方法请参考第七章第三节中款式图的阴影绘制。使用 [艺术画笔工具] 中的 "书法笔" 绘制服装上的皱褶(图11-1-18)。

图11-1-16   图11-1-17   图11-1-18

第二节
绘制深 V 领连衣裙

为避免绘制过程中误操作先前所绘图形,在对象菜单中点击对象,打开 [对象] 面板,将拼色短连衣裙所在的图层锁定。新建一个图层,绘制深 V 领连衣裙。

使用［手绘工具］或者［贝塞尔工具］绘制轮廓线，使用［形状工具］修改所绘线条，须保证各个部分的轮廓都封闭（图11-2-1）。

将各对象填充颜色。使用［刻刀工具］绘出鞋子造型（图11-2-2）。

导入文件"鳞片.cdr"，执行［PowerClip/填充图文框］的命令，将纹样填充至裙子（图11-2-3）。

图11-2-1　　　　　　　图11-2-2　　　　　　　图11-2-3

去除对象的黑色边框（图11-2-4）。

修改眉毛和眼睛造型。绘制头发线条，执行［PowerClip/填充图文框］的命令，将线条填充至头发的轮廓中（图11-2-5）。

简略绘制对象上的阴影和鞋子上的高光（图11-2-6）。

在［对象］面板上将当前图层锁定。

图 11-2-4　　　　　　　　图 11-2-5　　　　　　　　图 11-2-6

第三节
绘制迷你裙套装

新建一个图层，绘制迷你裙套装。

使用［手绘工具］或者［贝塞尔工具］绘制轮廓线，使用［形状工具］修改所绘线条。从第一节所绘制的对象上把眼睛、鼻子和嘴复制至该对象上（图11-3-1）。

绘制头上的蝴蝶结。使用［刻刀工具］绘制鞋子。为所有的对象填充颜色（图11-3-2）。

去除对象边框（图11-3-3）。

图 11-3-1　　　　　　　　　　　图 11-3-2　　　　　　　　　　　图 11-3-3

　　导入文件"波点.cdr"和"方格纹.cdr",将方格纹填入 T 恤轮廓,将波点填入腿部轮廓(图 11-3-4),填充完毕后进入框架调整纹样大小,调整完毕后退出编辑(图 11-3-5)。用同样的方法绘制头发。

　　绘制对象上的阴影效果(图 11-3-6)。

图 11-3-4　　　　　　　　　　图 11-3-5　　　　　　　　　　图 11-3-6

第四节

排版与输出

　　将所有图层解锁，把三个人物对象分别群组，将人物排列成如图11-4-1所示的位置，锁定所有图层，暂时将所有图层都设置为不可见。

　　新建一个图层，放在所有图层的最下层。双击［矩形工具］，新建了一个矩形框，填

图11-4-1

充"蓝色渐变"，随机绘制大小不一的圆，都设置为半透明，然后填充深浅不同的蓝色（图11-4-2）。

图11-4-2

导入文件"蝴蝶.cdr"。将蝴蝶都设置为半透明，复制并改变大小和方向，填充不同颜色，放置到画面上（图11-4-3）。

图11-4-3

绘制一个与A3宽度相同的矩形，填充"玫红色"，使用［透明工具］▨在玫红色矩形上拖动，得出渐变透明效果。将玫红色矩形做垂直镜像复制，移动至如图11-4-4所示的位置。

图11-4-4

使用［文字工具］输入文字，置于如图11-4-5所示的位置。

图11-4-5

使得所有图层可见，得到最终的排版效果（图11-4-6）。

图11-4-6

这个矢量图格式的招贴可以依据需求放大打印，或者输出为所需尺寸的位图。

其他示范作品如图 11-4-7~图 11-4-9 所示。

图 11-4-7

图 11-4-8

图 11-4-9

第十二章

男式风衣设计与结构图

知识点

CorelDRAW 绘制 1 : 5 服装结构图；精确定位与绘图；尺寸标注。

第一节
绘制效果图

启动Photoshop软件，新建一个宽"20cm"，高"30cm"，分辨率为"300dpi"的空白文档。

新建一个图层，使用［画笔工具］和［橡皮工具］绘制线稿（图12-1-1）。

新建图层，为脸部和手部着色（图12-1-2）。

为头发着色（图12-1-3）。

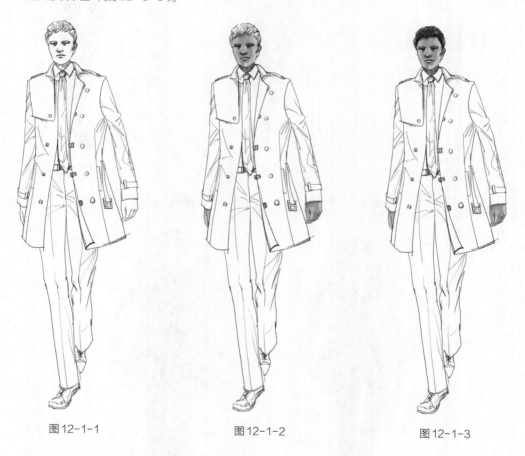

图12-1-1　　　　　　　　图12-1-2　　　　　　　　图12-1-3

新建图层，绘制风衣颜色（图12-1-4）。

新建图层，绘制衬衫、领带和裤子的颜色（图12-1-5），填充鞋子颜色（图12-1-6）。

新建图层，图层混合方式设置为"正片叠底"，填充面料肌理，调整图层的不透明度（图12-1-7）。

新建图层，绘制简单的阴影（图12-1-8）。

图 12-1-4

图 12-1-5

图 12-1-6

图 12-1-7

图 12-1-8

第二节
绘制结构图

一、设置绘图环境

在CorelDRAW中可以高效率地绘制各种比例的服装结构图，并可以快速准确地标注尺寸。

启动CorelDRAW软件，新建一个尺寸为A3，纸张方向为横向的空白文档。

绘图之前需要设置一下绘图环境。在属性栏上将单位设置为"厘米"。右键点击"标尺"，在出现的菜单中选择"标尺设置"。在［选项］面板上点击［编辑缩放比例］按钮（图12-2-1）。

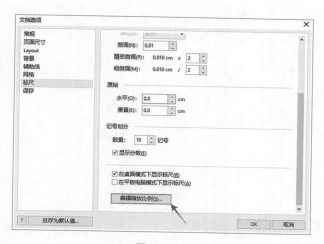

图12-2-1

在［绘图比例］面板上将实际距离设置为"5"，然后点击［OK］按钮（图12-2-2）。将绘图环境设为1∶5。如果绘制的是1∶1的图纸，则省略此步骤。

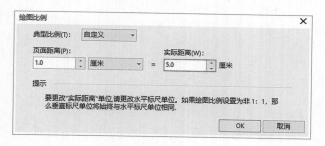

图12-2-2

在［选项］面板右侧点击"网格"，面板左侧水平和垂直都设置为"2"，表示画面中每个网格的高和宽都是0.5cm，勾选"贴齐网格"和"显示网格"选项，并点击［OK］按钮（图12-2-3）。

某些版本的CorelDRAW会出现网格设置不按照所设比例变化的情况。此时需按照实际比例设置网格，如需在1∶5环境下的0.5cm，则可将网格间距设置为0.1cm（图12-2-4）。

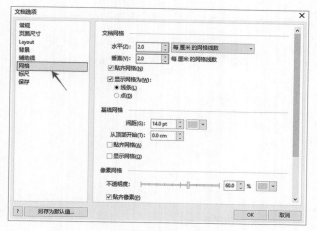

图12-2-3

将"贴齐网格"功能打开，绘图时会自动对齐到网格线。绘图过程中，可随时按组合键［Alt+Y］激活（或关闭）贴齐网格功能。绘图时需确定"贴齐对象"功能已经打开，按下组合键［Alt+Z］激活（或关闭）贴齐对象功能。

点击对象菜单中的［对象］，打开［对象］面板。点击［新建图层］按钮，分别建立参考线、结构线和尺寸标注图层。需要将对象绘制到对应图层，要先选择相应的图层以后再绘制（图12-2-5），这样就是设置完成了绘图环境。

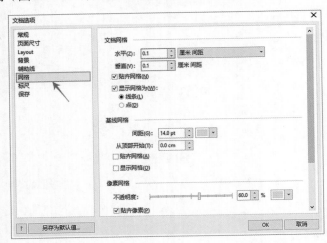

图12-2-4　　　　　　　　　　　　　　　　图12-2-5

二、绘制衣片结构

点击参考线图层，开始在该图层绘制。

使用［矩形工具］绘制一个宽"60cm"，高"100cm"的矩形。鼠标左键按住矩形左上角拖动后松开，因贴齐网格功能是打开的，所以矩形边角会对齐到网格。使用［选择工具］拖动标尺相交的十字形到矩形左上角，可以看到标尺的X轴和Y轴的0点就移动到矩形左上角，这样可以方便测量对象。

在矩形左边线向右32cm的位置绘制一条纵向直线，分出前后衣片（图12-2-6）。

在矩形从左边线向左10cm的位置绘制一条纵向直线，定出门襟重叠位置（图12-2-7）。

在属性栏上，将微调距离设置为

图12-2-6

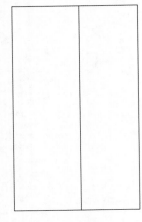

图12-2-7

"28cm"。在矩形顶部绘制一条水平直线，使用［移动工具］，按一次向下的方向键，得到胸围线位置。在距离顶边45cm的位置，绘制腰围线（图12-2-8）。

距离最右侧边23.5cm的位置绘制背宽线（图12-2-9）。

绘制一个宽"9cm"，高"2.5cm"的小矩形，如图12-2-10所示，将小矩形放在大矩形右上角，并在小矩形右上角向左绘制一条25cm的水平线，水平线左端点向下4cm，定出后衣片肩点位置（图12-2-11）。

绘制一个宽"9cm"，高"8.5cm"的小矩形，对齐到矩形左上角，并在距离矩形左侧边21cm的位置绘制一根直线作为胸宽线（图12-2-12）。

在距离矩形左边25cm、上边3cm的位置，定出前衣片肩点（图12-2-13）。

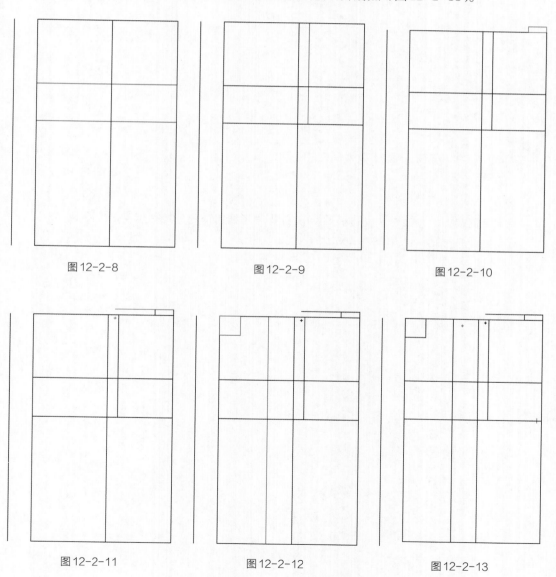

图12-2-8　　　　　　　图12-2-9　　　　　　　图12-2-10

图12-2-11　　　　　　　图12-2-12　　　　　　　图12-2-13

依据图12-2-14提供的参数，分别绘制分割线和后背收腰等参考线，矩形下边向下2cm绘制前片下摆线，连接领口参考线。

绘制一个宽"2.5cm"，高"18cm"的矩形作为口袋参考线（图12-2-15）。

为方便观察，将参考线改成蓝色。绘制完成的参考线如图12-2-16所示。为避免误操作，可将参考线图层锁定。

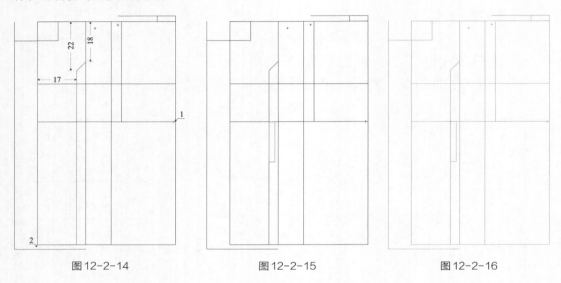

图12-2-14   图12-2-15   图12-2-16

点击结构线图层，使用［贝塞尔工具］，依据参考线将前衣片控制点连接（图12-2-17）。连接后衣片的控制点（图12-2-18）。

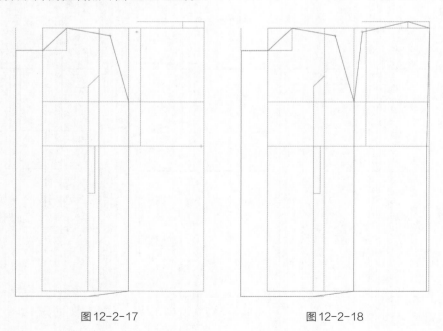

图12-2-17   图12-2-18

使用［形状工具］，右键点击前片领口位置的直线，在跳出的菜单中点击"到曲线"。

分别调整领口曲线和袖窿曲线造型。前袖窿曲线和胸宽线接触的位置大约在肩线到胸围线1/3的位置，后袖窿曲线和背宽线接触的位置大约在肩线到胸围线1/2的位置。调整背中线和下摆的造型（图12-2-19）。

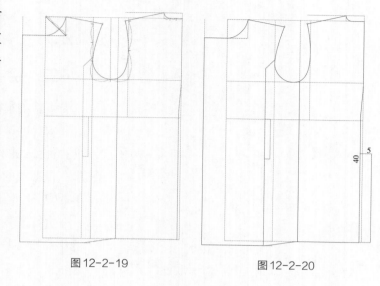

图12-2-19　　　　　　　　图12-2-20

绘制出分割线和袋口，绘制高"40cm"，宽"5cm"的矩形为后片开衩，对齐到后衣片右下角，并和后衣片做加法合并（图12-2-20）。

依据图12-2-21的尺寸绘制出前片肩部和后片的叠片造型。

依据图12-2-22的参数绘制出纽扣的位置。

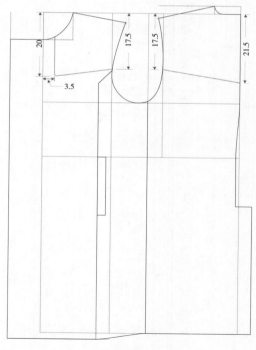

图12-2-21

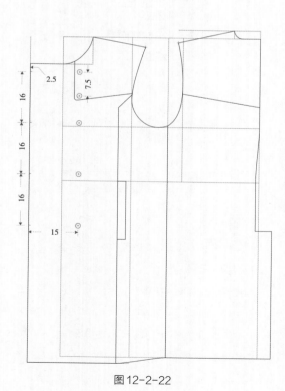

图12-2-22

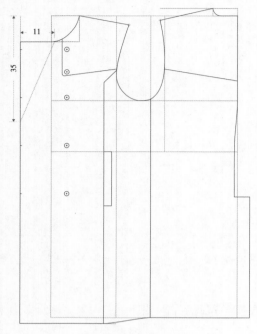

图12-2-23

依据图12-2-23的参数绘制出翻领的位置，线条样式为虚线。

三、绘制袖片结构

接着绘制袖片结构图。袖山的弧度需要和衣片的袖窿匹配，所以要先测量衣片的袖窿弧线的长度。CorelDRAW没有提供测量曲线的工具，需要自己编写一个简单的宏。

执行工具菜单下的［脚本/脚本编辑器］命令（图12-2-24），X8版是工具菜单下的［宏/宏编辑器］。在打开的VB应用窗口中，双击左侧上方的窗口中的"ThisDocument"（图12-2-25）。

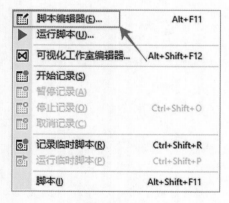

图12-2-24

图12-2-25

在跳出的窗口中将以下文字键入。

```
Sub 曲线长度 ( )
Dim s As Shape
Set s = ActiveSelection.Shapes ( 1 )
If s.Type = CDRCurveShape Then
MsgBox "曲线长度等于:" & vbCrLf & ( s.Curve.Length * 2.54 * 5 ) & " "
 & "cm"
```

```
End If
End Sub
```

如果绘制的是1：1的图纸，需要将第5行中的"*5"删除，然后关闭整个宏编辑器窗口（图12-2-26）。

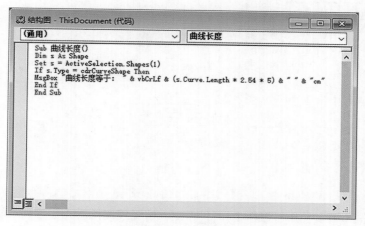

图12-2-26

使用［形状工具］，按住［Shift］键，分别选择后袖窿的两个端点，选中这两个点后，先按组合键［Ctrl+C］，再按组合键［Ctrl+V］，截取出前袖窿弧线，然后用同样的方法截取出后袖窿弧线，得到两段弧线。将两段弧线合并为一条曲线（图12-2-27）。

选择拷贝出来的袖窿弧线，在工具菜单下执行［脚本/运行脚本］命令（X8版是工具菜单下的［宏/运行宏］），在［运行宏］的窗口中点击"曲线长度"，然后点击［运行］按钮（图12-2-28）。测量曲线长度的数值约为60.5cm（图12-2-29）。将复制出来的袖窿弧线删除。

接着解锁参考线图层，在参考线图层绘制袖片的参考线。

如图12-2-30所示，绘制三条长约62cm的横线，距离最上边线分别为19cm和63cm，居中绘制一条垂直线。19cm是袖山高，63cm是袖长。

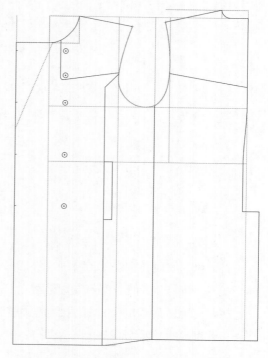

图12-2-27

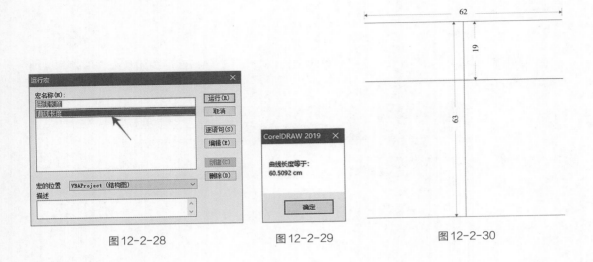

图 12-2-28   图 12-2-29   图 12-2-30

袖窿曲线长度约为 60.5cm，取其一半，如图 12-2-31 所示，绘制一条 30cm 长的横线，右侧端点与中线相接。使用［选择工具］，左键点击该线段两次，使其处于旋转状态，这时可以看见该线段的中心轴点，将中心轴点移动至该线段最右侧端点。该直线在旋转状态下，拖动线段的左侧端点，使得该端点与如图 12-2-32 所示的横线相交。

以两线交点以及其余参考线为依据，绘制一个矩形，如图 12-2-33 所示。

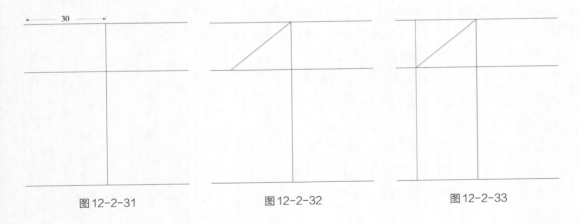

图 12-2-31   图 12-2-32   图 12-2-33

将多余的线段调整或者删除，如图 12-2-34 所示，在上部矩形中绘制居中的垂直线。为便于观察，可将参考线的颜色改为蓝色。

在距离矩形顶部 34cm 的位置绘制手肘线，并在距右侧线两边 2.8cm 位置各绘制一条垂直线，垂直线的长度为 44.5cm（图 12-2-35）。

利用［混合工具］ ，在如图 12-2-36 所示的位置分别作出三等分、四等分和二等分参考线。

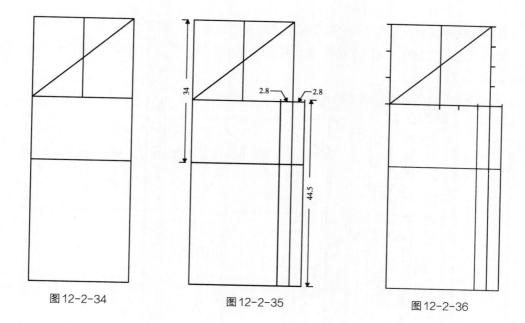

图12-2-34   图12-2-35   图12-2-36

在左边三等分点向右1cm绘制参考点，在最右下端向上1cm绘制参考线，再绘制15cm的水平直线（图12-2-37）。

将15cm的水平线轴点移动到该线右侧端点，旋转使其左端点和底边相接。上部参考点连接至袖山顶点，然后连接到右侧四等分点。标出袖山弧线的控制点和袖肘位置的控制点（图12-2-38）。

绘制完成的参考线如图12-2-39所示。最后，锁定参考线图层。

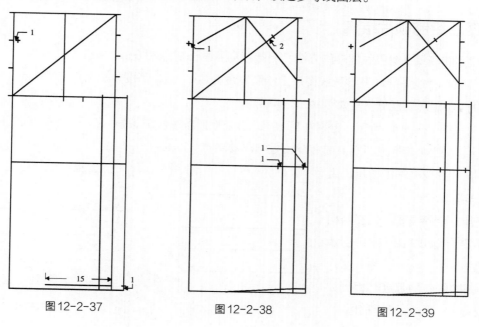

图12-2-37   图12-2-38   图12-2-39

在结构线图层上，使用［贝塞尔工具］连接各个参考点（图12-2-40）。

使用［形状工具］，利用右键菜单，将直线转为曲线，并调整曲线得到大袖片的造型（图12-2-41）。

如图12-2-42所示，绘出小袖片。

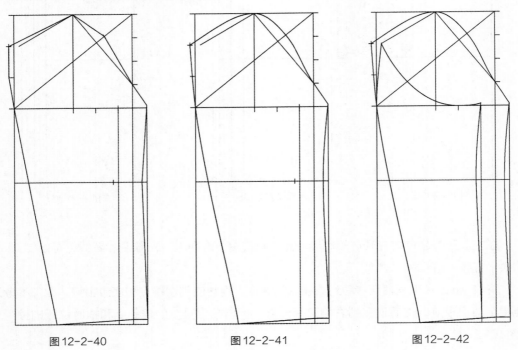

图12-2-40　　　　　　　　图12-2-41　　　　　　　　图12-2-42

四、绘制领片结构

使用和测量袖窿弧线同样的方法，测量领窝弧线长度为22.5cm。

解锁参考线图层，在参考线图层上绘制宽度为22.5cm，高度分别为6cm、4cm、4cm、4cm的4个矩形，摆放位置如图12-2-43所示。

按照图12-2-44所示，分别在第1、2、3个矩形左边作二等分，在第4个矩形的下边作三等分。第2个矩形左下端点向右1cm处标出参考点。

依据图12-2-45所示，用直线连接参考点。

锁定参考线图层，在结构线图层绘制如图12-2-46所示的直线。

调整线条的弧度，得到如图12-2-47所示的领子造型。

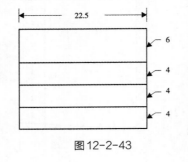

图12-2-43

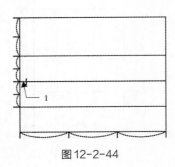

图12-2-44

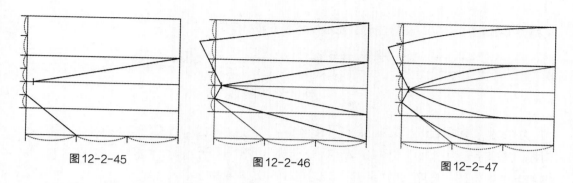

图12-2-45   图12-2-46   图12-2-47

    腰带长150cm，宽2cm，袖带长40cm，宽2cm。绘制完成的结构线如图12-2-48所示。为防止以后绘制过程中出现误操作，将结构线图层锁定。

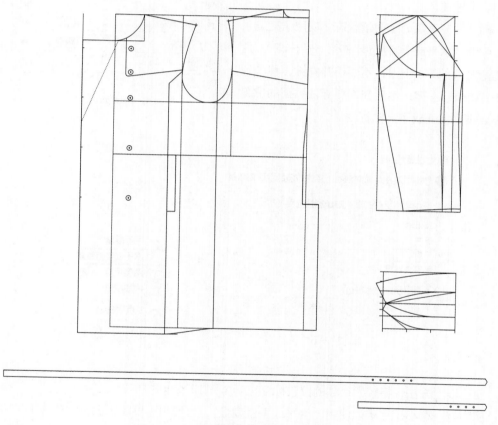

图12-2-48

五、尺寸标注

在工具栏上的［度量工具］中选择"水平或垂直度量"。

在属性栏上设置精度为小数点后面1位，单位是cm，并将其后的单位标注关闭。选择箭头样式（图12-2-49），在标注时只显示数字，不显示单位。

图12-2-49

在文本菜单中点击［文本］，打开［文本］面板，选择字号为"9pt"（图12-2-50）。在跳出的菜单中勾选"尺度"，并点击［OK］按钮（图12-2-51）。

在［对象］面板上点击尺寸标注图层，在该图层上标注尺寸。

确认贴齐对象处于激活状态。使用［度量工具］中的"水平或垂直度量"（图12-2-52）。点击测量对象的第1个点，不要松开左键，移动到第2个点松开左键，然后在需要标注数据的位置左键点击，就完成了尺寸标注。

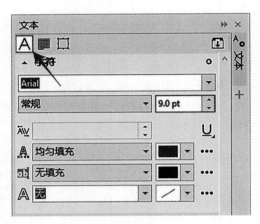

图12-2-50

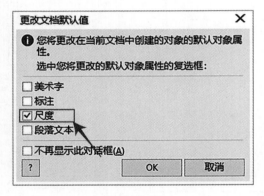

图12-2-51

图12-2-52

使用以上方法，将较大尺寸的位置标注完毕（图12-2-53）。

图中有一些小尺寸难以使用"水平或垂直度量"，可使用［度量工具］中的［3点标注工具］，用手动的方式键入数据。斜向尺寸使用［度量工具］中的［平行度量工具］进行标注。

绘制出面料的经向标记，并标出裁片的名称（图12-2-54）。

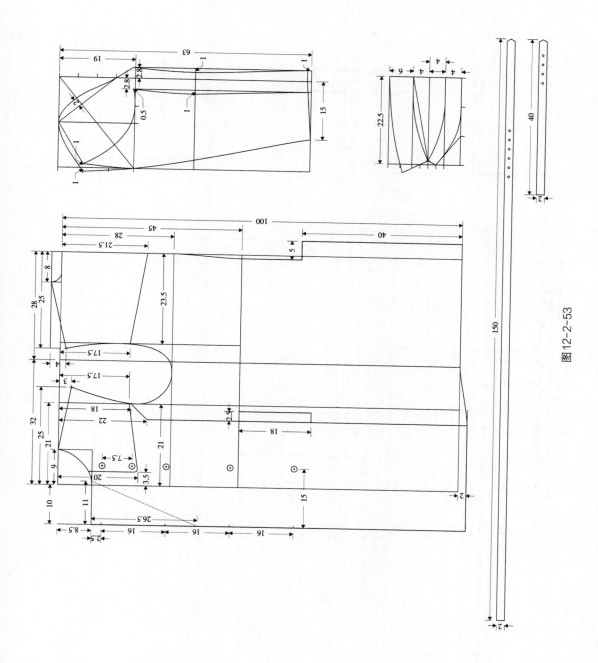

图12-2-53

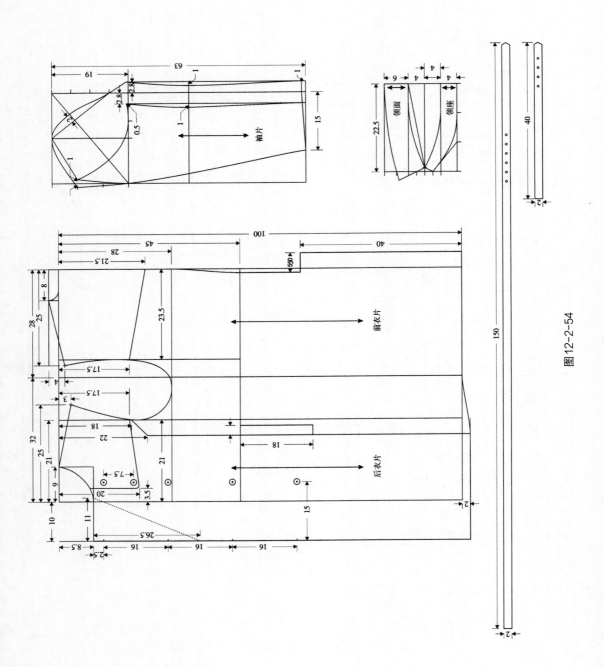

图12-2-54

第三节
排版输出

使用［表格工具］，在属性栏上设表格为"4行2列"，绘制表格，并用［文本工具］输入文字，做出成衣尺寸表（图12-3-1）。

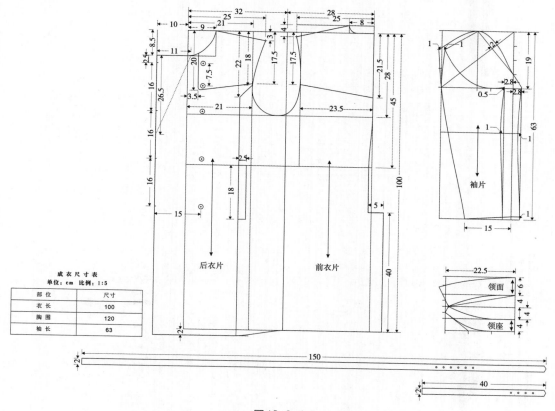

部 位	尺 寸
衣 长	100
胸 围	120
袖 长	63

成 衣 尺 寸 表
单位：cm 比例：1:5

图12-3-1

点击属性栏上的［导入］按钮，导入效果图，将效果图和绘制完成的服装结构图排版（图12-3-2）。

图纸绘制完毕以后，如果需要输出A3幅面的JPG格式文件，双击［矩形工具］，会出现一个和纸一样大小的矩形框，去掉矩形边框颜色。

点击属性栏上的［导出］按钮，在［导出］面板上选择保存类型为"JPG"，并为文件命名。如果需要导出其他文件格式，可以在"保存类型"中进行选择。接着在［导出到JPEG］面板上设置"颜色模式""输出质量"和"分辨率"。预览图像没问题以后点击［OK］按钮，就导出了JPG格式的图片（图12-3-3）。

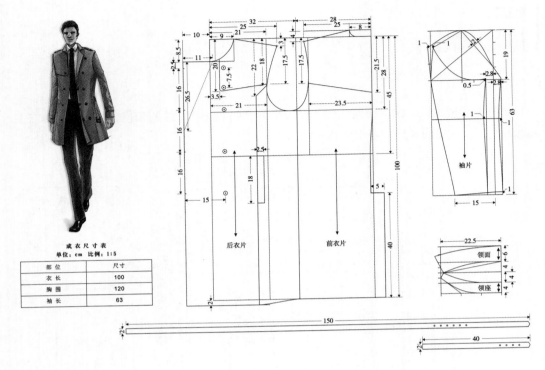

图 12-3-2

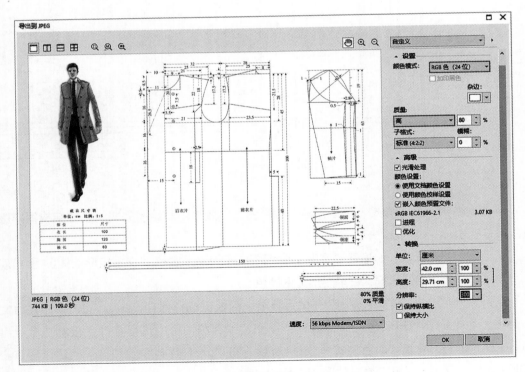

图 12-3-3

Photoshop 常用快捷键一览表

序号	图标（对应菜单）	名称	按键	功能说明
工具栏				
1		移动工具	V	移动图层
2		矩形工具、椭圆选框工具	M	建立矩形或椭圆形选择区域
3		套索工具、多边形套索工具、磁性套索工具	L	建立自由形状的选择区域
4		魔棒工具、快速选择工具	W	快速建立选择区域
5		裁剪工具	C	裁切画面
6		吸管工具、颜色取样器工具	I	吸取图中颜色
7		污点修复画笔工具、修复画笔工具、修补工具	J	复制部分画面或修复画面
8		画笔工具、铅笔工具	B	绘制图形
9		仿制图章工具、图案图章工具	S	复制部分图形或图案
10		历史记录画笔工具	Y	配合历史记录面板恢复画面
11		橡皮擦工具	E	擦除画面
12		油漆桶、渐变工具	G	填充单一颜色、图案或者渐变色
13		减淡工具、加深工具、海绵工具	O	以涂抹方式减淡或加深画面颜色、增加或降低色彩纯度
14		钢笔工具、自由钢笔工具	P	绘制矢量图属性的路径或蒙版
15		文字工具、直排文字工具	T	输入文字
16		直接选择工具	A	用来调整矢量图
17		抓手工具	H	移动画面
18		旋转视图工具	R	旋转画面
19		缩放工具	Z	放大或缩小画面
20		切换前景色和背景色	X	前景色和背景色互换
21		快速蒙版	Q	切换标准模式和快速蒙版模式

序号	图标（对应菜单）	名称	按键	功能说明
22		标准屏幕模式、带有菜单栏的全屏模式、全屏模式	F	界面切换
23		临时使用移动工具	Ctrl	在绘图时快速移动图层
24		临时使用吸色工具	Alt	在绘图时快速吸色
25		临时使用抓手工具	空格键	在绘图时快速移动画面
26		画笔笔头变大或变小	[ ]	画笔绘图时按"["笔头变小，按"]"笔头变大
注：工具栏有的按钮中隐藏有多个工具，可以配合［Shift］键加原来的快捷键在多个工具之间滚动。如按［Shift+S］一次为［仿制图章工具］，再按一次［Shift+S］就是［图案图章工具］				
［F］功能键				
27	帮助/Photoshop联机帮助	帮助	F1	查询Photoshop的功能与使用方法
28	编辑/剪切	剪切	F2	将所选择部分剪切放入剪切板
29	编辑/拷贝	拷贝	F3	将所选择部分复制放入剪切板
30	编辑/拷贝	粘贴	F4	将剪切板内容贴入文件
31	窗口/画笔	隐藏/显示画笔面板	F5	设置画笔属性
32	窗口/颜色	隐藏/显示颜色面板	F6	调整色彩
33	窗口/图层	隐藏/显示图层面板	F7	管理图层
34	窗口/信息	隐藏/显示信息面板	F8	图像信息
35	窗口/动作	隐藏/显示动作面板	F9	调用或录制动作
36	编辑/还原恢复	恢复	F12	撤销上一步操作
37	编辑/填充	填充	Shift+F5	填充色彩
38	选择/修改/羽化	羽化	Shift+F6	羽化选区
39	选择/反向	反向选择	Shift+F7	反转当前选择区域
文件操作				
40	文件/新建	新建文件	Ctrl+N	新建文件
41	文件/打开	打开文件	Ctrl+O	打开已有文件
42	文件/存储	保存文件	Ctrl+S	保存当前文件
43	文件/存储为	另存文件	Ctrl+Shift+S	另存当前文件
44	文件/关闭	关闭文件	Ctrl+W	退出当前文件
45	文件/退出	退出软件	Ctrl+Q	退出当前软件
46	文件/打印	打印	Ctrl+P	打印

序号	图标（对应菜单）	名称	按键	功能说明
图层操作				
47	图层/新建/图层	以对话框方式新建图层	Ctrl+Shift+N	在对话框上设置并新建图层
48	图层/新建/图层	以默认方式新建图层	Ctrl+Shift+Alt +N	新建图层
49	图层/新建/通过拷贝的图层	以复制方式新建图层	Ctrl+J	复制所选图层
50	图层/新建/通过剪切的图层	以剪切方式新建图层	Ctrl+Shift+J	剪切所选区域并新建图层
51	图层/向下合并	向下合并图层	Ctrl+E	向下合并一个图层或合并所选的所有图层
52	图层/合并可见图层	合并可见图层	Ctrl+ Shift+E	合并所有可见图层
53	图层/排列	当前图层向上移动一层	Ctrl+]	当前图层向上移动一层
54	图层/排列	当前图层向下移动一层	Ctrl+[	当前图层向下移动一层
55	图层/排列	当前图层移动至顶层	Ctrl+Shift+]	当前图层移动至顶层
56	图层/排列	当前图层移动至底层	Ctrl+Shift+[	当前图层移动至底层
57		调整图层透明度	数字键0~9	当前为无数字参数的工具，可按数字键调整当前图层透明度
58		将背景转为活动图层	Alt+ 鼠标左键在［图层］面板上双击背景图层	将背景转为活动图层
选择				
59	选择/全部	全部选择	Ctrl+A	选择所有对象
60	视图/显示额外内容	隐藏选择框	Ctrl+H	隐藏选择框
61	选择/取消选择	取消选择	Ctrl+D	取消选择
62	选择/反向	反向选择	Ctrl+Shift+I	反转当前的选择区域
63	选择/修改/羽化	羽化	Shift+F6	羽化选区
64		从图层载入选区	Ctrl+ 点击图层	点击图层前的图标，在该图层的图像区域建立选区
65		从路径载入选区	Ctrl+ 点击路径	点击路径前的图标，按照路径包围区域建立选区
66	选择/载入选区	从通道载入选区	Ctrl+ 点击通道	点击通道前的图标，按照通道里的图像建立选区
67	选择/调整边缘	调整边缘	Ctrl+Alt+R	打开选区调整面板
视图操作				
68	视图/放大 视图/缩小	放大或缩小视图	Alt+ 鼠标滚轮 或Ctrl++/-	放大或缩小视图

续表

序号	图标（对应菜单）	名称	按键	功能说明
69	视图/按屏幕大小缩放	显示全部画面	Ctrl+0	显示全部画面
70	视图/100%	1:1显示画面	双击放大镜工具	1:1显示画面
71	视图/标尺	显示/隐藏标尺	Ctrl+R	标尺的开关
72	视图/显示/参考线	显示/隐藏参考线	Ctrl+;	参考线的开关
73	视图/显示/网格	显示/隐藏网格	Ctrl+"	网格的开关
74	视图/对齐到/参考线	贴齐参考线	Ctrl+Shift+;	绘制时会自动对齐到参考线
75	视图/对齐到/网格	贴齐网格	Ctrl+Shift+"	绘制时会自动对齐到网格
图像调整				
76	图像/调整/曲线	调整曲线	Ctrl+M	以曲线方式调整色彩
77	图像/调整/色阶	调整色阶	Ctrl+L	以色阶方式调整色彩
78	图像/自动色调	自动调整色阶	Ctrl+Shift+L	自动调整色阶
79	图像/调整/色相/饱和度	色相/饱和度	Ctrl+U	打开色相/饱和度面板
80	图像/调整/色相平衡	色相平衡	Ctrl+B	打开色相平衡面板
81	图像/调整/去色	去色	Ctrl+ Shift+U	彩色画面转为黑白画面
82	图像/调整/反相	反相	Ctrl+I	正常色和底片色互相转换
编辑操作				
83	编辑/还原	还原	Ctrl+Z	还原至上一步操作
84	编辑/后退一步	还原两步以上操作	Ctrl+ Alt+Z	还原两步以上操作
85	编辑/前进一步	重做	Ctrl+Shift+Z	重做两步以上操作
86	编辑/剪切	剪切	Ctrl+X	剪切对象至剪切板
87	编辑/复制	复制	Ctrl+C	复制对象至剪切板
88	编辑/粘贴	粘贴	Ctrl+V	将剪贴板内容放入文档中
89	编辑/自由变换	自由变换	Ctrl+T	自由修改所选对象大小或旋转对象
90	编辑/删除	删除	Del	删除所选对象
91		使用前景色填充	Alt+Backspace	使用前景色填充
92		使用背景色填充	Ctrl+Backspace	使用背景色填充
93		取消操作	Esc	退出当前操作或面板

CorelDRAW 常用快捷键一览表

序号	图标（对应菜单）	名称	按键	功能说明
工具栏				
1		形状工具	F10	通过控制节点编辑曲线对象或文本字符
2		橡皮擦工具	X	移除绘图中不需要的区域
3		缩放工具	Z	更改文档窗口的大小
4		平移	H	平移画面
5		手绘工具	F5	绘制曲线和直线线段
6		智能绘图工具	Shift+S	将手绘笔触转换为基本形状或平滑的曲线
7		艺术笔工具	I	使用手绘笔触添加艺术笔刷、喷射和书法效果
8		矩形工具	F6	在绘图窗口拖动工具绘制正方形和矩形
9		椭圆形工具	F7	在绘图窗口拖动工具绘制圆形和椭圆形
10		网格工具	D	绘制网格
11		多边形工具	Y	在绘图窗口拖动工具绘制多边形
12		螺纹工具	A	绘制对称式和对数式螺纹
13		文本工具	F8	添加和编辑段落和美术字
14		交互式填充工具	G	在绘图窗口向对象动态应用当前填充
15		网状填充工具	M	通过调和网状网格中的多种颜色或阴影来填充对象
16		轮廓笔工具	F12	设置轮廓属性，如线条宽度、角形状和箭头类型等
17		轮廓颜色	Shift+F12	使用颜色查看器和调色板选择轮廓色
视图操作				
18	窗口/泊坞窗/视图	视图	Ctrl+F2	视图面板

序号	图标（对应菜单）	名称	按键	功能说明
19		缩放全部对象	F4	显示所有对象
20		显示页面	Shift+F4	显示整个页面
21		所选对象适合窗口	Shift+F2	所选对象适合窗口
22	查看/标尺	显示或隐藏标尺	Alt+Shift+R	显示或隐藏标尺
23		临时平移	鼠标中键	平移对象
24		导航器	N	导航器
25	查看/贴齐/辅助线	对齐辅助线	Alt+Shift+A	启用或禁用对齐辅助线
26	查看/贴齐/基线网络	对齐至基线	Alt+F12	对齐至基线
27	查看/贴齐/对象	对齐对象开关	Alt+Z	打开或关闭对齐对象功能
28	对象/属性	属性栏	Ctrl+Enter	打开属性栏
29	查看/全屏预览	全屏	F9	全屏
30		缩小（O）	Ctrl+−	缩小画面查看更大部分内容
31		放大（I）	Ctrl++	放大画面查看更多细节
		绘图操作		
32	编辑/全选	选择全部对象	Ctrl+A	选择全部对象
33		端点容限	Ctrl+Shift+J	设置自动连接端点的距离
34		群组	Ctrl+G	组合对象，同时保留其各自属性
35		解散群组	Ctrl+U	解散群组
36		合并对象	Ctrl+L	合并对象
37		剪切	Ctrl+X	剪切对象至剪切板
38		复制	Ctrl+C	复制对象至剪切板
39		粘贴	Ctrl+V	将剪贴板内容放入文档中
40	窗口/刷新窗口	刷新窗口	Ctrl+W	刷新窗口
41	窗口/泊坞窗/变换	变换（T）	Alt+F7	调整页面上的对象位置
42	窗口/泊坞窗/变换	旋转(R)	Alt+F8	指定对象的旋转
43	编辑/再制	再制	Ctrl+D	再制

续表

序号	图标（对应菜单）	名称	按键	功能说明
44	效果/透镜	透镜	Alt+F3	打开透镜面板
45	窗口/泊坞窗/对象样式	对象样式	Ctrl+F5	打开对象样式面板
46	效果/封套	封套面板	Ctrl+F7	打开封套面板
47	效果/轮廓图	轮廓图	Ctrl+F9	打开轮廓图面板
48	对象/将轮廓转换为对象	将轮廓转换为对象	Ctrl+Shift+Q	将轮廓转换为对象
49	效果/调整	色度/饱和度/亮度	Ctrl+Shift+U	调整颜色
50		渐变填充	F11	使用渐变颜色或色调填充对象
51		均匀填充	Shift+F11	为对象选择一种填充颜色
52	对象/转换为曲线	转换为曲线	Ctrl+Q	允许使用形状工具修改对象
53	窗口/泊坞窗/步长和重复	步长和重复	Ctrl+Shift+D	打开显示步长和重复面板
54		贴齐关闭	Alt+Q	关闭所有贴齐，再次单击以恢复选定的贴齐选项
55		对齐与分布面板	Ctrl+Shift+A	准确确定对象的相对位置或在页面上的特定位置
56	对象/对齐与分布	对页面居中	P	对页面居中
57	对象/对齐与分布	水平居中对齐	C	水平居中对齐
58	对象/对齐与分布	垂直居中对齐	E	垂直居中对齐
59	对象/对齐与分布	底部对齐	B	底部对齐
60	对象/对齐与分布	右对齐	R	右对齐
61	对象/对齐与分布	左对齐	L	左对齐
62	对象/对齐与分布	左分散排列	Shift+L	左分散排列
63	对象/对齐与分布	右分散排列	Shift+R	右分散排列
64	对象/对齐与分布	垂直分散排列中心	Shift+C	垂直分散排列中心

续表

序号	图标（对应菜单）	名称	按键	功能说明
65	对象/对齐与分布	垂直分散排列间距	Shift+A	垂直分散排列间距
66	对象/对齐与分布	底部分散排列	Shift+B	底部分散排列
67	对象/对齐与分布	水平分散排列间距	Shift+P	水平分散排列间距
68	对象/对齐与分布	水平分散排列中心	Shift+E	水平分散排列中心
69	文本/文本	文本选项	Ctrl+T	打开文本面板
70	𝐀‖	垂直文本	Ctrl+	将文本更改为垂直方向
71	文本/转换文本	转换文本	Ctrl+F8	转换文本
72	窗口/泊坞窗/符号	符号面板	Ctrl+F3	符号管理器面板
文件操作				
73	🗗	新建文件	Ctrl+N	新建文件
74	🗁	打开文件	Ctrl+O	打开现有文档
75	💾	保存文件	Ctrl+S	保存文件
76	文件/另存为	另存文件	Ctrl+Shift+S	保存文件副本
77	窗口/关闭窗口	关闭文件	Ctrl+F4	关闭当前文档
78	文件/退出	退出软件	Alt+F4	关闭软件
79	🖨	打印	Ctrl+P	打印
80	⬇	导入文件	Ctrl+I	导入文件
81	⬆	导出文件	Ctrl+E	将文档副本另存为其他文件格式
82	↺	撤销操作	Ctrl+Z	回到上一步操作
83	↻	重做操作	Ctrl+Shift+Z	重做被撤销的操作